Degus

AUTORIN: ALEXANDRA BEISSWENGER | FOTOGRAFIN: REGINA KUHN

Inhalt

Degus kennenlernen

Gesellig, intelligent und bewegungsfreudig – so lassen sich Degus mit wenigen Worten charakterisieren. Die possierlichen Nager faszinieren uns außerdem durch ihr interessantes Sozialverhalten. Damit die Tiere ihr Wesen optimal entfalten können, sollten wir dafür sorgen, dass sie sich bei uns wohlfühlen.

Was ist ein Degu?

Jemandem, der mit dem Begriff »Degu« nichts anzufangen weiß, werden die Tiere meist etwas hilflos als eine Mischung aus Meerschweinchen, Rennmaus, Ratte und Hörnchen beschrieben. Diese Charakterisierung trifft sicherlich auf ihr äußeres Erscheinungsbild zu, hört sich aber zugegebenermaßen sehr kurios an. Aus zoologischer Sicht ist die Beschreibung außerdem nicht ganz korrekt: Die Fellnasen sind mit Meerschweinchen und Chinchillas zwar entfernt verwandt; mit allen anderen genannten Tieren teilen sie nur die Ordnung, nämlich die der Nagetiere *(Rodentia)*.

Ihre Entdecker im 18. Jahrhundert ordneten sie fälschlicherweise erst der Gattung der Hörnchen zu und nannten sie *Scirius degus*. Nicht nur die äußerliche Ähnlichkeit verleitete sie wahrscheinlich zu diesem Schritt, auch das Verhalten der Degus erinnerte sie auf den ersten Blick an das von Hörnchen.

Seit 1848 werden Degus korrekterweise als *Octodon degus* der Familie der Trugratten *(Octodontidae)* zugeordnet. Ihr lateinischer Gattungsname *Octodon*, was übersetzt »Achtzähner« bedeutet, weist darauf hin, dass die Kauflächen der Backenzähne die Form einer »Acht« besitzen.

Ein Nager mit vielen Fans

Sie sehen, schon die abenteuerliche Geschichte ihrer zoologischen Einteilung weckt Neugier und macht die kleinen Racker zu einem Geheimtipp für Nagetierfreunde. Degus faszinieren neben ihrem interessanten Erscheinungsbild vor allem durch ihr ausgeprägtes und liebenswertes Sozialverhalten in der Gruppe. Täglich verbringen die friedliebenden Nager viele Kuschelstunden mit ihren Artgenossen, oft schließen sie aber auch mit ihren menschlichen »Hütern« echte Freundschaften.

Herkunft und Lebensweise

Degus stammen ursprünglich aus Chile. Ihr Verbreitungsgebiet zieht sich von der trockenen Küstenregion bis auf 1200 Meter Höhe in die Gebirgskette der Anden hinauf. Hauptsächlich bewohnen sie allerdings die mittleren Bergregionen des südamerikanischen Staates. Das Klima ähnelt dort den Klimaverhältnissen im Mittelmeerraum Europas, wobei die Temperaturschwankungen allerdings weniger stark ausgeprägt sind.

Die Landschaft in Chile ist von Strauch- und vereinzeltem Baumbewuchs geprägt. Diese karg bewachsenen Erdhügel und offene Felslandschaft besiedeln Degus mit Vorliebe. Niederschlag fällt hier das gesamte Jahr über wenig, die Nächte sind selbst im Winter nicht sehr kalt. Ideale Voraussetzungen also für die kleinen Nager, die gerne im trockenen Sand ein Bad nehmen, jedoch empfindlich auf Temperaturschwankungen und Nässe reagieren!

Glücklich in der Großfamilie

Degus leben in lockeren Familienverbänden, die meist aus einem Männchen mit mehreren Weibchen bestehen. Mehrere dieser Verbände bilden eine lockere Kolonie, die aus bis zu 100 Tieren besteht. Das Territorium der Degukolonie, das einen guten Hektar Strauchlandschaft umfasst, wird gegen fremde Artgenossen aggressiv verteidigt. Die Nager leben innerhalb ihres Reviers in selbst gegrabenen Höhlensystemen. Dabei wird der Eingang des Hauptbaus meist sorgfältig unter einem dichten Strauch oder einem Felsen verborgen. Die Gänge können bis zu zwei Meter lang sein und reichen bis zu etwa einem halben Meter ins Erdreich hinab. Alle Höhlen besitzen mehrere Aus- und Eingänge. Forscher konnten beobachten, dass die Männchen einer Familie in der Nähe des Haupteingangs ihres Baus neben einem familieneigenen Sandbadeplatz einen kleinen Hügel aus Ästen, Gräsern, Dung und Erde errichten. Auf dem thronen sie dann in domi-

Wild lebende Degus in Chile unterscheiden sich äußerlich nicht von Degus in der Heimtierhaltung.

Die kleinen Steppenbewohner sind außerordentlich wasserscheu und halten deswegen ihren Pelz durch Putzen und Sandbäder sauber.

Der soziale Kontakt mit Artgenossen ist für die geselligen Nager, die in der Freiheit in Familienverbänden leben, Dreh- und Angelpunkt ihres Lebens.

nanter Pose. Dieses selbst geschaffene Statussymbol gibt männlichen Artgenossen Auskunft über den Rang des erhaben Sitzenden und spielt in freier Natur eine wichtige Rolle beim Ausfechten der Rangfolge (→ Seite 30).

Die Weibchen einer Familie ziehen ihre Jungen in der Regel gemeinsam auf. Dies hat den Vorteil, dass die Arbeit geteilt wird und die Überlebenschancen des Nachwuchses besser sind.

In ihrem Heimatland werden die niedlichen kleinen Nager leider oft als Schädlinge angesehen, da sie gruppenweise über Obstplantagen oder Kornfelder herfallen und dort zu recht beträchtlichem Schaden beitragen dürften. Zu den natürlichen Feinden in Chile zählen Eulen und Greifvögel sowie Füchse.

Der Weg zum Heimtier

Erstmals kamen einzelne Degus Anfang des 20. Jahrhunderts zu uns. In den 1960er-Jahren wurden Degus aus Chile dann in größeren Zahlen zu Forschungszwecken in die USA eingeführt. Einige

Exemplare aus Nachzuchten dieser Tiere gelangten 1975 in einen Tierpark der DDR und von dort an private Tierliebhaber. Man nimmt an, dass ein Großteil der heutzutage in der Heimtierhaltung lebenden Degus von diesen Tieren abstammt oder zumindest mit ihnen verwandt ist.

Seit Ende der 1980er-Jahre werden auch vermehrt Wildfänge von Degus aus Chile in Zoofachhandlungen angeboten. Diese haben sich inzwischen wahrscheinlich mit den früheren Deguimporten genetisch vermischt.

Auf der Beliebtheitsskala ganz oben

Die Erfolgsstory des Degus als Heimtier beruht sicherlich neben seinem interessanten Sozialverhalten auf seiner großen Anpassungsfähigkeit, die seine Beliebtheit in den letzten Jahren stetig wachsen ließ. Wenn grundsätzliche Dinge wie die richtige Käfiggröße und -ausstattung sowie artgerechte Fütterung beachtet werden, ist seine Haltung nicht schwer und selbst für Berufstätige zu empfehlen.

Eine variantenreiche Art

Von den vier in Chile vorkommenden Deguarten (Gewöhnlicher Degu, Küsten-, Wald- und Pazifikdegu) wird nur der Gewöhnliche Degu *(Octodon degus)* als Heimtier gehalten.

Der Wildtyp dieser Art besitzt eine rot-braun-beige-schwarze Fellfärbung, welche auch »Agouti« genannt wird. Der Bauch sowie die Augenumgebung sind dabei in der Regel in einer helleren Farbe gehalten und scharf abgegrenzt vom restlichen Fellkleid. Mit einer Körperlänge von bis zu 19 Zentimetern und einer Schwanzlänge von maximal 17 Zentimetern sind diese Degus recht groß, ihre Schädelform lässt sich als länglich gestreckt beschreiben, die Ohren erscheinen schön geschwungen und haben klare Konturen.

Die Nachkommen der nordamerikanischen Labortiere besitzen im Gegensatz dazu – vermutlich aufgrund starker Inzucht – einen eher gedrungenen, kleinwüchsigen Körperbau mit kurzen Köpfen und kleineren Ohren. In ihrer Fellfärbung dominieren Grautöne, die sich auch auf der Bauchseite fortsetzen. Dennoch werden auch diese Tiere nach wie vor zu den wildfarbenen Degus gerechnet.

Bei den heutigen Degus, die als Heimtier gehalten werden, dürfte es sich meist um Mischtypen aus den beiden vorgestellten Typen handeln, sodass die Tiere innerhalb einer Gruppe oft ein wenig in Körpergröße sowie -farbe variieren können.

Eine echte Farbmutation trat 1998 in Holland mit dem sogenannten *Silberdegu* oder *blauen Degu* auf. Jungtiere dieses Typs besitzen eine helle Haut sowie ein lichtsilbern glänzendes Fell, dessen schwarze Farbpigmente stark aufgehellt erscheinen. Die blaue Fellfärbung wird rezessiv vererbt, das heißt,

sie tritt nur auf, wenn beide Elterntiere die entsprechende Farbanlage in ihrem Genpool haben und diese auch weitervererben. Blaue Degus sind inzwischen keine Seltenheit mehr und bei verantwortungsvoller Nachzucht nicht krankheitsanfälliger als die Wildtyp-Variante.

In den vergangenen Jahren traten durch Mutationen neben ganz seltenen Albino-Degus mit roten Augen auch vermehrt Degus mit unregelmäßig weiß-agouti gescheckten Fell auf. In den USA wurde zudem eine sandfarbene Degufarbvariante entdeckt, die jedoch laut Angaben der Halter genetisch nicht gesund zu sein scheint.

Es ist damit zu rechnen, dass die Farbvarianten bei Degus in Zukunft zunehmen werden. Auch Fellvarianten sind vorstellbar. Durch selektive Züchtung sind solche Mutationen jedoch nicht zu beeinflussen, ihr Auftreten bleibt dem Zufall überlassen. Wollen wir hoffen, dass genetisch bedenkliche Farbvarianten nicht auf Kosten der Gesundheit der kleinen Nager weitervermehrt werden.

Wirklich **silber?**

JUNGTIERE blauer Degueltern scheinen tatsächlich eine wunderschön glänzende blau-silberne Fellfärbung zu besitzen, die stark an die Farbe Silber erinnert.

Diese faszinierende Fellfärbung verliert sich jedoch mehr und mehr in den ersten Lebensmonaten. Ausgewachsene Tiere wirken im Gesamterscheinungsbild eher dunkelgrau.

SCHECKEN Diese Farbvariante zeichnet sich durch eine weiße Grundfarbe des Fells aus. Vereinzelt werden Farbflecken in Agouti – bei diesem Tier sind diese fast symmetrisch angeordnet – ausgebildet. Die Farbe Weiß scheint sich bei Degus dominant weiterzuvererben. Andere genetische Voraussetzungen finden sich bei der gescheckten Deguvariante, die als Grundfarbe des Fells Agouti besitzt, zusätzlich aber einzelne unregelmäßige weiße Flecken aufweist.

BLAUER DEGU Auch wenn die tatsächliche Fellfärbung in Wirklichkeit nur wenig mit der eigentlichen Farbe Blau zu tun hat, wird sie in Züchterkreisen doch so genannt. Diese Anlage wird rezessiv vererbt.
Blaue Degus unterscheiden sich weder in ihrem Wesen noch in ihrem Zähmungsverhalten uns Menschen gegenüber von Tieren, die die natürliche Agouti-Fellfärbung besitzen.

AGOUTI Die natürliche braun-rot-schwarze Fellfärbung ist nach wie vor die beliebteste Farbvariante. Der Großteil der Degupopulation in Heimtierhaltung besitzt diesen Farbton.

Anatomie und Sinne

Ohr

Der Hörsinn von Degus ist außerordentlich gut ausgeprägt. Man nimmt an, dass sie mithilfe ihrer verhältnismäßig großen und beweglichen Ohrmuscheln Töne bis 100 kHz wahrnehmen können, Menschen dagegen nur etwa 16 kHz.

Zähne

Die Schneidezähne von ausgewachsenen Degus sind außen mit einer besonders festen, gelb-orangen Schicht überzogen. Kieferwinkel und Stellung der Vorderzähne zueinander sind von der Natur so gemacht, dass Degus eine enorme Kraft beim Beißen entwickeln und fast jedes Material mühelos zernagen können.

Schwanz

Der Schwanz von Degus ist behaart und besitzt am Ende eine typische Quaste. Mit seiner Hilfe hüpft der Degu auch in der Höhe sicher von Ast zu Ast, ohne das Gleichgewicht zu verlieren. Doch selbst mit versehentlich verkürztem Schwanz ist der Degu glücklicherweise noch in der Lage, seinen Körper im Lot zu halten.

Auge

Das Farbsehvermögen beschränkt sich auf Gelb- und Rottöne. Degus sind jedoch in der Lage, UV-Licht zu sehen und können dadurch Urinmarkierungen von Artgenossen erkennen, da diese ultraviolettes Licht reflektieren. Sogar das Alter der Markierungen kann eingeschätzt werden. Bewegte Gegenstände werden viel besser wahrgenommen als unbewegliche. Das Sichtfeld beträgt durch die weit seitlich platzierten Augen fast 360°, gutes räumliches Sehen ist allerdings nicht möglich.

Tasthaare

Mit ihren langen Tasthärchen um die Nase nehmen Degus selbst ganz feine Luftbewegungen wahr. In Röhren dienen sie dem Nager dazu, die Wandbegrenzungen zu orten und sicher durch die Dunkelheit zu flitzen.

Nase

Mithilfe des sehr gut ausgeprägten Geruchssinns werden andere Degus als familienzugehörig oder unerwünscht eingeteilt. Degus erschnuppern sowohl Urinmarkierungen von Artgenossen als auch deren individuellen Körperfellgeruch.

Wo kann ich Degus bekommen?

Nehmen Sie sich ausreichend Zeit, um sich schon im Vorfeld über die Haltung von Degus und ihre ganz speziellen Bedürfnisse ausreichend zu informieren. Jede Art von Tierhaltung bringt natürlich Änderungen in Ihrem bisherigen Tagesablauf mit sich. Degus stellen da keine Ausnahme dar. Wenn Sie sich nach reiflicher Überlegung dazu entschließen sollten, eine kleine Degufamilie bei sich einziehen zu lassen, dann übernehmen Sie damit möglicherweise für die nächsten fünf Jahre die volle Verantwortung für diese kleinen Fellknäuel. Die Anschaffung sollte deshalb auch langfristig mit all ihren Vor- und Nachteilen überdacht werden.

Ich kann Sie aber beruhigen: Glücklicherweise sind die kleinen Nager sehr zufriedene und gesellige Tiere, die dem Besitzer viel Freude machen, wenn die Grundvoraussetzungen stimmen.

Tipp Die Deguhaltung ist meiner Ansicht nach für Kinder wegen der sehr speziellen Ansprüche an Käfig- und Futterauswahl erst ab einem Alter von etwa 14 Jahren wirklich zu empfehlen.

Aus vertrauenswürdigen Quellen

Egal, wo Sie sich Ihre Degus aussuchen: Nehmen Sie sich Zeit bei der Auswahl, fragen Sie nach der Herkunft bzw. der Vergangenheit der Tiere und achten Sie unbedingt darauf, dass die Tiere beim Verkäufer nach Geschlechtern getrennt gehalten wurden. Es passiert nicht selten, dass frischgebackene Deguhalter eines Morgens von einem Wurf kleiner wuselnder Degubabys überrascht werden. So niedlich die kleinen Racker auch sein mögen, ihre weitere Vermittlung ist umso schwerer.

Zoofachhandel Die einfachste Möglichkeit, an Degus zu kommen, ist ein größeres Zoofachgeschäft, das eine Gruppe von Degus zum Verkauf anbietet. Lassen Sie sich gut beraten und wählen Sie nur Tiere aus einer auch dort artgerechten und nach Geschlechtern getrennten Haltung.

Bei diesem Bild kann man gut verstehen, warum man Degus früher für Hörnchen-Verwandte hielt.

Aufgeweckt und mit klarem Blick: Bei der Auswahl Ihrer kleinen Mitbewohner sollten Sie darauf achten, nur gesunde Tiere auszuwählen.

Passt **ein Degu zu mir?**

› Können Sie bzw. Ihre Kinder damit leben, dass Degus keine wirklichen Kuscheltiere sind? Dazu sind sie nämlich viel zu lebhaft, still sitzen ist keine ihrer Tugenden.

› Sind alle Familienmitglieder mit dem Einzug der Nager einverstanden, und sind Sie sicher, dass niemand eine Allergie gegen Tierhaare und Staub von Heu oder Einstreu besitzt?

› Haben Sie die Möglichkeit, finanzielle Rücklagen für eventuell anfallende Kosten durch den Tierarztbesuch zu schaffen?

› Sind Sie in der Lage, schon von Anfang an den Tieren ein ausreichend großes und degugerechtes Heim zu bieten?

Ihr Zoofachhändler sollte sich gut mit Degus und deren Bedürfnissen auskennen. Die Herkunft der Tiere sollte bekannt sein. Unterstützen Sie keinen Import von Wildfängen aus Chile, diese Tiere werden sich in Gefangenschaft nie wohlfühlen. Es gibt zahlreiche Degunachzuchten in Deutschland, sodass der Fang und Transport wilder Degus völlig unnötig und meiner Ansicht nach grundsätzlich nicht mit dem Tierschutzgedanken vereinbar ist.

Von privat Ungeplante Degunachzuchten, die abgegeben werden, sind inzwischen recht häufig in den Kleinanzeigen entsprechender Fachmagazine zu finden. Im Internet werden zahlreiche junge Degus in Foren und Online-Kleinanzeigen zur Vermittlung angeboten. In der Regel werden die Tiere schon gegen eine geringe Schutzgebühr an ihre neuen Besitzer abgegeben.

Professionelle Deguzüchter gibt es bislang leider nicht in großer Zahl. Seien Sie deshalb vorsichtig, wenn sich jemand selbst als »Deguzüchter« bezeichnet, jedoch auf nähere Nachfrage keine Informationen über die genetische Vererbungslehre sowie eine detaillierte Auskunft über die Erbgesundheit der Elterntiere – auch über mehrere Generationen hinweg – geben kann.

Tierheim Fragen Sie in Ihrem örtlichen Tierheim ebenfalls einmal nach Degus, die weitervermittelt werden sollen. Diese sind möglicherweise schon etwas älter, dafür aber zahmer; ausgewachsene Degumännchen sind außerdem schon kastriert. Wenn Sie solche Tiere aufnehmen, handeln Sie im Sinne des Tierschutzgedankens!

Tipp In den letzten Jahren gründeten einige engagierte Deguhalter Vereine, die sich besonders um die Vermittlung der zahlreichen Notfalltiere kümmern. Es lohnt sich in jedem Fall, dort einmal nachzufragen (→ Seite 62).

Die Qual der Wahl

Sie haben sich dazu entschlossen, eine kleine Degufamilie bei sich einziehen zu lassen, und können es sicherlich kaum erwarten, Ihre zukünftigen Schützlinge bei sich aufzunehmen. Ein paar Dinge sollten Sie sich jedoch vor der Auswahl überlegen.

Weibchen oder Männchen?

Um ungeplanten Degunachwuchs sowie ernstere Rangkämpfe innerhalb der Gruppe zu vermeiden, sollten Sie von Anfang an nur eine gleichgeschlechtliche Gruppe in Betracht ziehen. Ob Sie sich für eine Gruppe bestehend aus Weibchen oder Männchen entscheiden, bleibt Ihnen überlassen. Deguböckchen werden ebenso zahm wie die weiblichen Vertreter ihrer Art und zeigen in einer gleichgeschlechtlichen Gruppe ein ähnliches Rudelverhalten. Ein wenig anders sieht es aus, wenn neue Tiere in eine bereits bestehende Gruppe eingegliedert werden sollen (→ Seite 30) oder kastrierte Männchen mit einer Weibchengruppe gehalten werden sollen (→ Experten-Tipp Seite 15).

Pärchen oder Großfamilie?

Eine Gruppe von drei bis vier Degus eignet sich ideal für Deguneulinge. Grundsätzlich ist auch die Haltung von nur zwei Tieren möglich. Das possierliche Sozialverhalten kommt jedoch meist in einer größeren Gruppe besser zur Geltung und macht das Leben im Deguheim auch für den Halter spannender: Nichts ist zum Beispiel so faszinierend wie ein zusammengekuschelter schlafender Deguhaufen. Wichtig ist, dass ein Degu niemals allein gehalten wird! Weder der aufmerksamste Deguhalter noch das friedlichste Meerschweinchen können den Artgenossen ersetzen. Auch wenn man glaubt, dass es einem Einzeltier an nichts fehlt: Es wird todunglücklich sein, wenn es sich nicht in seiner Lautsprache austauschen und die körperliche Nähe von Artgenossen spüren kann.

Erfahrene Deguhalter können durchaus eine Großfamilie von bis zu zehn Tieren in einer Voliere zusammen halten. Hier besteht jedoch ein höheres Risiko, dass die Rangfolge im Rudel häufiger neu ausgefochten wird und es dabei auch zu ernsthafteren Kämpfen unter den Tieren kommen kann.

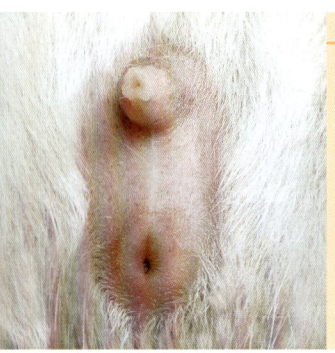

1 Beim Männchen ist der After ca. einen Zentimeter vom längeren Geschlechtszapfen entfernt. Ein wichtiges Unterscheidungsmerkmal!

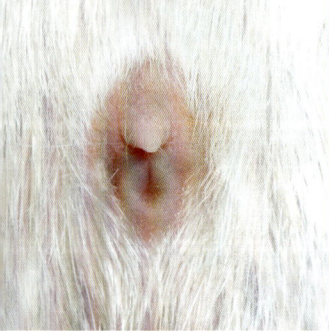

2 Gut zu sehen ist beim Weibchen der geringe Abstand After–Geschlechtszapfen. Dazwischen liegt die meist nicht erkennbare Scheidenöffnung.

Die Sache mit dem Alter

Junge Degus dürfen frühestens mit fünf Wochen von ihrer Mutter getrennt werden. Durch eine Art von »Baby-Schutz« sind Degukinder bis zum Beginn der Geschlechtsreife in der Regel unproblematisch in eine bestehende Gruppe zu integrieren. Wenn die Kleinen jedoch in die Pubertät kommen, kann es zu teilweise heftigen Rangkämpfen mit älteren Tieren kommen.

Die Lebenserwartung eines Degus in der Heimtierhaltung liegt bei etwa vier bis fünf Jahren. Unter optimalen Bedingungen können viele Tiere bis zu acht Jahre alt werden, in Einzelfällen sogar älter. Das Alter eines ausgewachsenen Degus mit unbekanntem Geburtsdatum einzuschätzen ist übrigens fast unmöglich. Erwachsene Tiere wiegen etwa zwischen 180 und 320 Gramm, ihre Schneidezähne zeigen eine typisch orange-braune Färbung.

Andere Haustiere

Solange die Degufamilie ihr eigenes Heim besitzt und ein Freilauf garantiert ist, bei dem keine anderen Haustiere sich im selben Zimmer frei aufhalten, ist die gleichzeitige Haltung von Kaninchen, Vögeln oder anderen Nagetieren in jedem Falle möglich. Katzen reagieren anfangs recht neugierig auf die wuseligen kleinen Nager. Mit der Zeit wird nur noch ein Blick in den Käfig geworfen. Ein gleichzeitiger Freilauf von Katze und Degu ist natürlich tabu. Bei Hunden hängt ein friedliches Zusammenleben vor allem von Charakter und Erziehung des einzelnen Hundes ab. Meiner Erfahrung nach lassen sich Jagdhunde (insbesondere Terrier) kaum gleichzeitig mit Degus halten. Ihr angeborenes Interesse an den kleinen Nagern verstört Degus stark, da diese permanent das Gefühl bekommen, verfolgt zu werden, ohne fliehen zu können.

Vergesellschaftung

TIPPS VON
DER DEGU-EXPERTIN
Alexandra Beißwenger

GRUPPENZUSAMMENSETZUNG Neben der Haltung gleichgeschlechtlicher Degugruppen ist die Kombination von einem kastrierten Deguböckchen mit mehreren Weibchen ideal. Ein weiteres Männchen ist jedoch auch dann nicht zu empfehlen, wenn es kastriert sein sollte.

ALTE TIERE Zu einem einzelnen älteren Degu sollte nach Möglichkeit ebenfalls ein älterer Partner gesetzt werden. Die Aktivität und Bewegungsfreude junger Degus kann für einen Degusenior in Stress ausarten.

GESCHLECHTSUNTERSCHEIDUNG Wichtigstes Unterscheidungsmerkmal zwischen Weibchen und Männchen ist der Abstand von Afteröffnung zum häutigen Zapfen. Dieser ist auch bei Jungtieren schon erkennbar. Es hat sich bewährt, die Geschlechtsbestimmung immer im Vergleich zu einem Degu mit bereits bekanntem Geschlecht zu machen, da selbst erfahrene Deguhalter zunächst Probleme haben können. Achtung: Erwachsene Degumännchen können ihre Hoden bei Aufregung in die Bauchhöhle einziehen, sodass diese äußerlich nicht sichtbar sind!

Glücklich im Deguheim

Ein geräumiges und artgerechtes Zuhause ist in der Deguhaltung besonders wichtig – schließlich sollen die Nager auch als Haustiere ihre natürlichen Verhaltensweisen ausleben können. Wenn das »Drumherum« allerdings stimmt, dann werden Sie an den possierlichen Kerlchen Ihre helle Freude haben!

Neugierige Entdecker

In Verhalten und Ansprüchen an ihre Umgebung sind als Haustiere gehaltene Degus ihren wild lebenden Artgenossen noch sehr ähnlich. Die kleinen Nager benötigen viel Raum, um ihren großen Bewegungsdrang täglich ausleben zu können. In ihrem Heimatland Chile haben Forscher herausgefunden, dass ein Degu sich täglich in einem Umkreis von zwei bis drei Kilometern vom Nest aufhält, wobei er nur selten auf kleinere Bäume oder Sträucher in die Höhe klettert.

Aus diesen Erkenntnissen lässt sich folgern, dass die Grundfläche des Deguheims eine sehr viel größere Rolle spielt als dessen Höhe. Es ist jedoch verständlich, dass diese Tatsache in der heutigen Heimtierhaltung aus Platzgründen – unsere Wohnungen sind nun mal relativ klein – nur begrenzt berücksichtigt werden kann. Ein Kompromiss ist also gefragt. Ich kann Sie aber beruhigen: Meiner Erfahrung nach gewöhnen sich Degus recht gut daran, ihr Revier auch in der Höhe voll auszunutzen, und bei regelmäßigem Freilauf oder einem artgerechten Laufrad in der Voliere fehlt es ihnen nicht an ausreichender Bewegung. Vielfältige Beschäftigungsmöglichkeiten sorgen außerdem dafür, dass die intelligenten Fellnasen auch geistig gefordert werden und ihr Leben spannend bleibt. Verhaltensstörungen wie Bissigkeit, Ecken-Hochspringen oder Gitternagen treten bei Degus in der Regel nur durch falsche Haltungsbedingungen auf, solche Anomalien sind nur – wenn überhaupt – durch eine Optimierung des Deguheims wieder zu beseitigen. Deshalb sollten Sie sich schon vor der Anschaffung den Tieren zuliebe zum Grundsatz machen, dass der Degukäfig so groß wie möglich geplant werden sollte und die Haltungsanforderungen in jedem Punkt von Anfang an erfüllt sind.

Ein Zuhause zum Wohlfühlen

Als Grundfläche des Käfigs empfehle ich Ihnen, eine Größe von etwa einem halben Quadratmeter einzuplanen. Unabhängig von der Innenausstattung des Deguheims, sollte die Voliere mindestens eine Höhe von 1,40 Meter haben. Eine Gruppe von drei bis vier Degus lässt sich unter solchen Voraussetzungen gut unterbringen. Wenn Sie bereits eine niedrigere Behausung besitzen, können Sie sie gut nach oben hin durch einen Anbau erweitern. Einige Deguhalter kamen außerdem auf die pfiffige Idee, zwei kleinere Volieren durch einen röhrenförmigen Gang aus Casanetdraht miteinander zu verbinden, um so die Gesamtkäfiggröße zu erweitern. Diese Art des Käfigbaus ist im Übrigen optimal dazu geeignet, um später neue Tiere in die schon bestehende Degugruppe zu integrieren (→ Seite 30).

Terrarien eignen sich hervorragend als Unterbau des Deguheims, allerdings muss für gute Belüftung und ausreichende Höhe gesorgt sein.

Wichtig ist es, auf die Materialien des Deguheims zu achten, denn die Tiere sind Extrem-Nager! Vor ihren Schneidezähnen ist bis auf Glas, Stein und Metall (kein Aluminium!) kein Material sicher. Den idealen Degukäfig zu finden ist häufig nicht ganz einfach. Neben der Größe sollte bei der Auswahl darauf geachtet werden, dass Reinigungsarbeiten leicht durchzuführen und die Tiere gut zu beobachten sind. Dunkle, nicht glänzend lackierte Käfiggitter sind sowohl für die Nageraugen als auch für die des Halters angenehmer anzuschauen.

Voliere Die besten Erfahrungen habe ich mit Gittervolieren für Großsittiche oder speziellen Kleinsäugerkäfigen aus Metall gemacht. Diese sind von ihren Ausmaßen her meist sehr geräumig, besitzen mehrere große Türen und sind am Boden mit Rollen versehen. Der Gitterabstand darf zwei Zentimeter keinesfalls überschreiten, da Degus wahre Ausbruch-Künstler sind. Um zu vermeiden, dass Einstreu herausfällt, kann am unteren Rand von außen ein etwa 10 Zentimeter hoher Rand aus Hobby- oder Plexiglas angebracht werden.

Wer handwerklich geschickt ist, kann sich seinen Käfig mit Materialien aus dem Baumarkt natürlich auch selbst bauen und diesen so der eigenen Wohnungseinrichtung perfekt anpassen.

Denken Sie dann aber daran, alle ungeschützten Holzbauteile mit Metallleisten zu verkleiden, um sie vor den nagefreudigen Gesellen zu schützen.

Terrarium Erst seit wenigen Jahren gibt es spezielle Terrarien für die Haltung von Kleinsäugern. Diese besitzen im Gegensatz zu den handelsüblichen Terrarien für Reptilien auch ausreichende Belüftungsflächen an den Seitenwänden. Der Vorteil von Terrarien liegt klar auf der Hand: Das Geschehen im Käfig lässt sich gut von außen beobachten, und die Einstreu fällt nicht heraus. Dennoch kann die Geräuschkulisse je nach Verteilung der Belüftungsgitter für die Tiere etwas unangenehm sein. Schwierig wird es zudem, ein Terrarium zu finden, welches die Mindestkäfigmaße in Bezug auf die Höhe erfüllt – allerdings wird durch eine größere Grundfläche dieses Manko teilweise wettgemacht.

Aquarium Ausrangierte Aquarien können ab einem Volumen von 200 Litern als Unterbau für einen selbst gebauten Aufsatz aus Metallleisten und Kleintierdraht durchaus verwendet werden. Die Reinigung des Deguheims ist so einfach durchzuführen; Futter und Einstreu können nicht herausfallen. Trotzdem ist ein entscheidender Nachteil die nur unzureichende Durchlüftung eines solchen Glaskastens. In Verbindung mit Feuchtigkeit kann es zu Schimmelbildung in der Einstreu kommen. Ammoniak sowie Kohlendioxid können sich am Boden anreichern und die Atemwege reizen.

Der richtige Standort

Ein idealer Standort für die Deguvoliere ist zum Beispiel eine helle Zimmerecke. Dort fühlen sich die Tiere geschützt, weil sie sich nicht ständig nach allen Seiten absichern müssen, und sind der Zugluft nicht ausgesetzt. Die Umgebungstemperatur im Zimmer sollte etwa 18 bis 24 °C betragen.

Vorsicht Degus sind hitzeempfindlich und können bei hohen Temperaturen nicht wie wir Menschen ihre Körpertemperatur über Schwitzen ausgleichen! Ein direkter Platz neben oder über einer Heizung ist deshalb wenig geeignet. Tabakrauch oder Küchendämpfe bekommen außerdem den Schleimhäuten der Fellnasen schlecht und begünstigen Atemwegserkrankungen bis hin zur Bronchitis.

Ein Terrarium sollte möglichst in Augenhöhe des Menschen stehen und nicht auf dem Boden.

Außenhaltung möglich?

Grundsätzlich können erfahrene Heimtierbesitzer Degus auch in einer großen Gartenvoliere im Freien halten. Degus reagieren allerdings auf Temperatur-

Solch ein abwechslungsreich gestalteter Käfig kann zu einem richtigen Hingucker im heimischen Wohnzimmer werden.

schwankungen empfindlicher als unsere heimischen Tierarten. Erfahrungen zur Außenhaltung finden Sie auf meiner Website (→ Seite 62).

Innenausstattung mit Pfiff

Nun stehen Sie vor einer der schönsten Aufgaben, bevor die kleinen Racker ihr neues Heim in Ihrer Wohnung beziehen können: Planung und Bau einer abwechslungsreichen Inneneinrichtung!

1 Heuraufe

Selbst dann, wenn größere Mengen Heu vom Vortag noch in einer Käfigecke lagern, bevorzugen die Fellnasen täglich frisches Heu. Die Tagesration wird am besten in einer kleinen Raufe angeboten.

2 Unterschlupf

Aus Steinen, Tonröhren oder Wurzeln können natürliche Höhlen am Boden des Käfigs gebaut werden. Fertige Holzhäuschen oder Holzröhren aus dem Zoofachhandel eignen sich ebenfalls gut. Ausgepolstert mit Heu und Schnipseln aus Küchenpapier, werden daraus gemütliche Kuschelnester für die ganze Degufamilie.

3 Sandbad

Körperpflege betreiben Degus nicht mit Wasser, sondern in Form von Sandbädern. Es gibt für diesen Zweck regelrechte kleine »Badezimmer« mit verglasten Scheiben, durch die Sie Ihre kleinen Racker beim Badespaß beobachten können. Ein weiterer Vorteil: Der Sand wird so nicht im ganzen Käfig verteilt. Es genügt aber auch, wenn Sie eine Schale aus Glas oder Keramik mit feinem Chinchilasand befüllen und diese etwa alle zwei bis drei Tage für eine halbe Stunde in das Deguheim stellen. Selbst nach vielen Jahren der Deguhaltung schaue ich dem fröhlichen Treiben meiner Nager beim gemeinsamen Baden immer wieder gern zu.

4 Laufrad

Das Thema Laufrad wird immer wieder kontrovers unter Heimtierhaltern diskutiert. Meiner Ansicht nach darf ein Laufrad im Degukäfig aber keinesfalls fehlen. Vor allem junge Degus besitzen nämlich einen enormen Bewegungsdrang und brauchen das tägliche körperliche Training, um gesund und fit zu bleiben.
Achten Sie beim Kauf des Laufrads auf einen Durchmesser von mindestens 30 Zentimetern. Das Material sollte aus Metall oder festem Holz bestehen sowie eine durchgängige Lauffläche ohne Querverstrebungen besitzen, um Verletzungen vorzubeugen. Quietschende Räder sollten Sie mit Vaseline oder Melkfett einfetten.

5 Mobiliar aus Holz

Aus harten Wurzeln, wie es sie in der Aquaristikabteilung im Zoofachhandel gibt, dicken Astabschnitten oder Korkrinde lassen sich Sitzgelegenheiten oder natürliche Etagen, die sicher am Käfiggitter verschraubt werden müssen, gestalten. Diese selbst hergestellte Inneneinrichtung sieht schöner aus als »Fertigelemente«, sollte dafür aber öfters ausgetauscht werden.

6 Trinkflasche

Nippeltränken aus dem Zoofachhandel sind für Degus gut geeignet und lassen sich problemlos von außen am Käfiggitter befestigen. Falls Ihre Degus allerdings meinen, sie müssten auch an der Wasserflasche durch das Käfiggitter hindurch herumnagen, schieben Sie eine dünne Metallplatte zwischen Gitter und Flasche.

Erst kommt die Planung!

Bestimmt juckt es Sie schon in den Fingern, aktiv zu werden! Als Erstes sollten Sie sich aber einen ungefähren Plan machen, wo Etagen, Versteckmöglichkeiten und größere Einrichtungsgegenstände wie beispielsweise das Laufrad befestigt werden sollen. Unbedingt sollten Sie die Anordnung der Gittertüren in Ihre Überlegungen mit einbeziehen! Alle Bereiche des Käfigs sollten problemlos durch diese Öffnungen erreichbar sein. Je mehr Abwechslung geboten ist, desto spannender wird das Deguleben in der Voliere. Größerer »luftleerer Raum« ist verschenkter Platz, da die Tiere anders als beispielsweise Hörnchen nicht freiwillig über größere Distanzen springen.

Auch der Futterplatz will gut überlegt sein: Degus haben nämlich eine feste Rangordnung, sodass meist nur der Stärkste die beliebtesten Leckerbissen bei der täglichen Fütterung ergattert. Um Rangeleien zu vermeiden, stellen Sie einfach mehrere Futterplätze auf.

Tipp Alle Holzbretter sollten vor dem Einbau mit ungiftigem Holzwachs auf Naturbasis aus dem Baumarkt behandelt werden. Dann lassen sie sich gut und problemlos reinigen und nehmen nicht so schnell den Uringeruch an.

Die Einstreu

Das Material für die Einstreu am Boden sollte möglichst natürlich sein. Handelsübliche Kleintierstreu aus Holzfasern eignet sich gut zur Deguhaltung, wird jedoch durch Wühlen der Tiere am Boden gern mal aus dem Käfig geschaufelt und staubt manchmal ein wenig.

Sehr zu empfehlen sind meiner Ansicht nach Einstreupellets aus Hanf, Stroh oder Maisgranulat aus dem Zoofachhandel. Diese bleiben an Ort und Stelle und sind zudem sehr saugfähig. Verzichten sollten Sie auf Einstreu mit künstlichen Geruchszusätzen. Diese mögen für unsere Nasen vielleicht angenehm riechen. Bedenken Sie aber, dass unsere Degus ganz andere Gerüche als angenehm empfinden und sogar nachts in ihrer Einstreu schlafen – dem Geruch also gar nicht entkommen können. Enthaltene künstliche Duftstoffe können außerdem die empfindlichen Schleimhäute reizen und sogar zu Allergien führen.

Zwei Fliegen mit einer Klappe: Korkröhren bieten sowohl tolle Klettermöglichkeiten als auch kuschelig warme Unterschlüpfe.

So wünschen sich Degus ihr Heim

Ihre Degufamilie wird den Großteil des Tages in ihrer Voliere verbringen. Achten Sie deshalb ganz besonders auf optimale Haltungsbedingungen und Einrichtungsgegenstände aus ungefährlichen Materialien.

Tut gut

(+) Ein Halogenstrahler für Pflanzen, der von außen in eine Käfigecke strahlt, sorgt auch in der kälteren Jahreszeit für ein warmes Plätzchen.

(+) In der Deguhaltung sollten nur möglichst natürliche Materialien wie Holz, Kork, Stein oder aber hartes Metall Verwendung finden. Gegenstände aus Kunststoff dürfen niemals in Degureichweite gelangen und schon gar nicht im Käfig montiert werden.

(+) Damit Etagen aus Holz oder vielleicht sogar tragende Teile der Degueinrichtung nicht zu schnell das Opfer der nagefreudigen Beißerchen werden, schützen Sie diese mit Metallleisten aus dem Baumarkt.

Besser nicht

(−) Manche Käfige besitzen Etagen aus Metallgitter. Dieses birgt ein beträchtliches Verletzungspotenzial für feine Degugliedmaßen.

(−) Die Maschengröße des Käfiggitters darf nicht über 2 Zentimeter liegen. Degus sind wahre Ausbruch-Künstler!

(−) Käfige mit nur einer kleinen Tür an der Vorderseite sind unpraktisch einzurichten und machen eine gründliche Reinigung im Käfig fast unmöglich.

(−) Äste, Pflanzen und Blätter von Straßenrändern sind häufig mit Giftstoffen belastet. Gehen Sie besser im Wald auf die Suche – Haselnuss oder Linde eignet sich beispielsweise hervorragend!

Sanftes Eingewöhnen

Damit Ihre neuen Hausgenossen unbeschadet in ihrem Heim ankommen, sollten Sie sich Gedanken über eine geeignete Transportbox und deren Ausstattung machen. Je nach Jahreszeit kann das Zubehör ein wenig variieren.

Im Zoofachhandel finden Sie eine größere Auswahl an Transportkisten aus Kunststoff. Grundsätzlich sind diese von der Größe, den Luftschlitzen und der Handhabung her gut geeignet. Die meisten Degus verhalten sich während des Transports darin auch eher schüchtern und verharren regungslos, bis sie wieder daraus befreit werden. Bei längeren Fahrten oder unerschrockenen Gesellen sind Plastikboxen für den Degutransport allerdings völlig ungeeignet. Alternativ können Sie in diesem Fall einen kleinen Vogelkäfig verwenden, dessen Kunst-

stoffbodenwanne allerdings ebenfalls vor den immer aktiven Nagezähnen geschützt sein muss. Bei mir hat sich seit vielen Jahren ein kleines 10-Liter-Aquarium bewährt. Dieses decke ich mit einem selbst gebauten Deckel aus Casanetdraht (Baumarkt) ab, den ich mit einem Gürtel fest um das Glasgefäß spanne. Bedenken Sie auch bei der Auswahl der Box, dass Ihre Tiere möglicherweise einmal darin zum Tierarzt transportiert werden müssen, der nicht unbedingt gleich um die Ecke wohnt und wo Sie eventuell warten müssen!

Am Boden sollte die Transportkiste mit etwas Einstreu ausgepolstert werden. Ein kleiner Unterschlupf darf ebenfalls nicht fehlen. Ideal eignet sich dazu ein kleiner, umgedrehter Pappkarton, in den eine kleine Tür geschnitten wird. Eine Handvoll Heu und ein paar Körner reichen für einen kurzen Transportweg. Dauert die Fahrt einmal etwas länger, sollten Sie frische saftige Salatblätter hineinlegen, damit die Nager unterwegs auch Flüssigkeit zu sich nehmen können. Eine Trinkflasche ist wegen der »Benagungsgefahr« fehl am Platz.

Kein Klimastress

Bei sommerlichen Außentemperaturen lege ich stets ein dünnes Handtuch über die Hälfte des Transportkäfigs, nicht nur damit die Tiere sich geschützt fühlen, sondern damit auch ein Plätzchen im Schatten für sie garantiert ist. Ist ein Transport an heißen Tagen gar nicht zu vermeiden, sollte das Tuch angefeuchtet werden, um die Temperatur in der Box ein wenig abzukühlen. Bedenken Sie, dass Degus nicht schwitzen können und somit ihre Körpertemperatur nicht wie wir Menschen schnell an

Ideal für kurze Fahrten mit dem Auto oder den Besuch beim Tierarzt sind gut belüftete Transportboxen aus stabilem Kunststoff.

die Umgebungstemperatur anpassen können. Wenn Degus anfangen zu hecheln, ist das stets ein ernstes Zeichen für eine Überhitzung, die lebensgefährlich sein kann. An kalten Wintertagen empfehle ich Ihnen, eine warme Decke über die Kiste zu legen. Lüftungsspalt nicht vergessen!

Endlich angekommen!

Zu Hause dürfen die kleinen Fellknäuel sofort ihr neues Heim in Beschlag nehmen. Entweder stellen Sie die geöffnete Transportbox direkt in die Voliere, oder aber Sie lassen die Tiere aus der offenen Kiste in den Käfig laufen. Je nachdem, wie gut Ihre Degus an den Menschen gewöhnt sind, verhalten sie sich in dieser Situation recht unterschiedlich: Scheue Tiere verkriechen sich in der Regel umgehend im nächsten Unterschlupf und brauchen eine Weile, bis sie ihr Näschen wieder hervorstrecken. Selbstbewusste Artgenossen erkunden per Schnüffelkontrolle ihr neues Reich und verteilen bei Gefallen auch schon mal die eine oder andere Duftmarke. Lassen Sie die Degus in den ersten Tagen in ihrem Zuhause völlig in Ruhe. Beobachten Sie das Geschehen im Käfig, ohne unüberlegte Annäherungsversuche zu unternehmen. Die Tiere zeigen in der Regel ganz von selbst, wann sie ihr eigenes Reich so weit kennengelernt haben, dass nun auch die Käfigumgebung anfängt, ihre Aufmerksamkeit zu erregen. Dann können Sie mit den ersten Zähmungsversuchen loslegen.

Thema Mietrecht Die Haltung von Kleintieren wie Degus ist nach deutschem Recht in jeder Mietwohnung erlaubt, sofern die Nager den Hausfrieden in Form von Lärm- oder Geruchsbelästigung nicht stören. Trotzdem empfiehlt es sich, den Vermieter über die Haltung Ihrer neuen Hausgenossen zu informieren, um Missverständnissen vorzubeugen.

Geduld ist alles

TIPPS VON
DER DEGU-EXPERTIN
Alexandra Beißwenger

SCHLECHTE ERFAHRUNG Es kommt leider immer wieder vor, dass ein Degu in seiner Vergangenheit Unangenehmes mit Menschen durchmachen musste. Oft reicht auch schon ein häufiger Besitzer- und Ortswechsel aus, um ein Tier so stark zu verschrecken, dass es sich uns gegenüber extrem scheu zeigt und zu beißen droht.

GEDULD IST ALLES Geben Sie einem scheuen Degu besonders viel Zeit, sich an seine neue Umgebung zu gewöhnen, und überstürzen Sie erste Annäherungsversuche nicht. Meiner Erfahrung nach wird jeder scheue Degu mit viel Geduld zumindest so zahm, dass er ohne Angst Leckerchen aus der entgegengestreckten Hand nimmt.

GEMISCHTE GRUPPE Ich selbst habe in meinen Degugruppen stets unterschiedlich zahme Tiere zusammen gehalten. Sehr positiv wirkt es sich aus, wenn ein Degu in der Gruppe schon recht zahm ist und so ein scheues Tier täglich vor Augen geführt bekommt, dass unsere Hand keine Bedrohung darstellt, dafür aber so manches Mal einen Leckerbissen für jeden bereithält.

Langsame Annäherung

Endlich ist es so weit: Ihre kleinen Hausgenossen haben vor einigen Tagen erfolgreich ihr neues Heim bezogen. Langsam scheinen sie nun schon mit neugierigen Augen zu fragen, wann es denn endlich weitergeht mit der Weltentdeckungstour. Um mit den ersten Zähmungsversuchen zu beginnen, wählen Sie sich einen Nachmittag aus, an dem Sie ungestört einige Stunden allein im Deguzimmer verbringen können.

Je nachdem, wie zahm Ihre Tiere schon sind, können Sie die im Folgenden erklärten Schritte natürlich auch verkürzen oder einzelne sogar ganz überspringen. Falls es sich jedoch tatsächlich um scheue Degus handelt, dann sollten Sie folgendermaßen loslegen:

› Nehmen Sie sich einen Stuhl. Setzen Sie sich etwa ein bis zwei Meter entfernt von der Voliere auf Augenhöhe der Tiere hin und warten Sie ab, was passiert. Sobald die Nager mit Ihrer direkten Anwesenheit, sozusagen vor der eigenen Haustür, kein Problem mehr haben, verringern Sie stetig die Entfernung, bis Sie schließlich ganz nah am Käfig sitzen. Dabei können Sie leise Radiomusik laufen lassen oder selber mit ruhiger Stimme zu den Tieren sprechen. Auf viele Tiere wirkt das beruhigend und stressabbauend, plötzliche Geräusche in totaler Stille können scheue Degus dagegen zusätzlich erschrecken.

› Wenn die Degus sich mit ihren neugierigen Näschen in die Nähe des Gitters trauen, nehmen Sie langsam ein Leckerchen in die Hand. Bieten Sie es mit vorsichtigen Bewegungen durch das Gitter an und lassen Sie es dann auf eine Etage im Käfig fallen. Scheue Degus verschwinden bei solch einer Aktion blitzartig wieder in ihrem schützenden Unterschlupf und verharren dort auch eine ganze Weile. Haben Sie aber noch ein wenig Geduld! Vielleicht wagt sich ja doch eines der Tiere in die Gitternähe, um das Leckerchen zu ergattern.

Liebe geht durch den Magen – das Herz von Degus kann man durch Sämereien gewinnen.

1 SCHNUPPERPROBE Noch etwas zögerlich beschnuppert der junge Degu das Löwenzahnblatt. Jetzt entscheidet sich, ob die Neugier die Scheu besiegt.

2 GROSSER SCHRITT Wagemutig betritt der Degu die Hand seines Halters, die leckere Belohnung stets vor Augen. Jetzt bloß keine falsche Bewegung machen!

3 ZAHM Entspannt bleibt der kleine Nager auf der Hand sitzen und gibt sich ganz dem Leckerbissen hin. Ein Erfolgserlebnis für Mensch und Degu!

Manchmal hilft es auch, wenn Sie einfach ganz ruhig wieder ein Stück mit dem Stuhl vom Käfig abrücken. Falls Sie nach einiger Zeit den Eindruck bekommen, die Degus haben für diesen Tag beschlossen, tatsächlich nicht mehr auf der Bildfläche zu erscheinen, dann legen Sie fürs Erste eine »Zähmungspause« ein – Sie haben noch genug Zeit zum Kennenlernen.

Die oben aufgeführten Schritte sollten Sie so lange wiederholen, bis die Nager ohne größere Scheu ans Gitter gehüpft kommen und sich einen Leckerbissen abholen.

› Jetzt können Sie es wagen, das Leckerchen mit der Hand festzuhalten und zu warten, bis die Tiere sich von selbst nähern, um es sich bei Ihnen zu holen. Klappt das gut, öffnen Sie die Käfigtür und versuchen denselben Vorgang noch einmal mit der Hand in der Türöffnung.

Falls der Leckerbissen akzeptiert wird, haben Sie viel erreicht! Es gibt Degus, die nicht zahmer werden und nur bereit sind, eine hingehaltene Belohnung entgegenzunehmen, um diese dann aber in einer sicheren Ecke des Käfigs zu verspeisen.

Es geht noch mehr!

Die meisten Degus sind noch neugieriger und wagen bald die ersten Schritte auf Ihre hingehaltene Hand, wenn eine Erdnuss als Belohnung winkt.

› Das Spielchen mit der Belohnung können Sie dann auf Arm und Schulter ausweiten. Einer meiner Degus war so konditioniert, dass er nach dem Türöffnen auf meine linke Schulter hinauflief, um dort sein Leckerchen entgegenzunehmen und es auch an Ort und Stelle genüsslich und ganz zutraulich zu verspeisen.

Wichtig Viele frischgebackene Deguhalter sind ein wenig erschrocken, wenn ihre gerade handzahm gewordenen Degus nach dem Verspeisen eines Leckerchens kurz, aber nicht besonders fest, in den hingehaltenen Finger »beißen«. Sie fragen sich, was Sie falsch gemacht haben könnten. Dieses Verhalten darf jedoch nicht als echter »Biss« gedeutet werden: Degus nehmen eigentlich von allen Materialien, die sie umgeben, eine kleine Nageprobe, und da ist Ihre Hand keine Ausnahme. Stupsen Sie den Degu kurz freundlich auf die Nase, dann wird er abgelenkt sein.

Richtig miteinander umgehen

Einen Degu sollten Sie niemals von oben plötzlich mit der Hand ergreifen, denn von dort erfolgen die Angriffe seiner natürlichen Feinde. Ein solches Verhalten wäre nicht nur die beste Methode, um ihn dauerhaft scheu werden zu lassen, auch Ihre Hand würde mit großer Wahrscheinlichkeit nicht ohne einen tiefen Biss davonkommen.

Sollten Sie einen Degu tatsächlich einmal einfangen müssen, weil er von selbst nicht auf Ihre Hand klettert, z. B. für den Transport zum Tierarzt, dann schaufeln Sie ihn vorsichtig von der Seite mit der leicht geöffneten Hand auf. Niemals dürfen Sie einen Degu am Schwanz greifen. Diese Schwanz-haut ist extrem dünn und würde sofort unter Zug reißen. Handelt es sich um ein sehr scheues Tier, versuchen Sie den Degu in ein größeres Papprohr oder in ein Gefäß zu treiben, welches Sie dann kurz mit einem Handtuch verschließen, bis das Tier sicher in die Transportbox gelangt ist.

Vielfältige Verhaltensweisen

Das natürliche Verhalten von Degus ist ausgesprochen vielseitig. Ihr tägliches Leben ist geprägt von ständiger Interaktion zwischen den einzelnen Gruppenmitgliedern. Die Familie geht diesen Nagern wirklich über alles! Ein Degu zieht sich äußerst sel-

Zum besseren Verständnis: **Laut- und Körpersprache**	
LAUTE ODER GESTE	**BEDEUTUNG**
ZWITSCHERN SOWIE NASEN-KONTAKT ODER BEKRAULEN	Dabei handelt es sich um die typische Degugeste schlechthin, die eine freundschaftliche Begrüßung, Wohlbefinden oder »fröhliche Unterhaltung« ausdrückt.
SCHWANZ SCHLÄGT HIN UND HER	Aufregung, Angespanntheit, aber auch Vorfreude
AUFREITEN AUF EINEN ARTGENOSSEN	Man unterscheidet freundschaftliches Aufreiten, um gemeinsam ein Schläfchen abzuhalten oder Fellpflege zu betreiben, Aufreiten als »Flirten« vor dem Deckakt oder als Dominanzgeste.
URINMARKIERUNGEN	Sowohl das eigene Revier als auch rangniedrigere Artgenossen bekommen gern eine Duftmarke, um deren »Besitz« anzuzeigen.
ZÄHNEKNIRSCHEN UND -KLAPPERN	Ausdruck von starker Angespanntheit, Aggressivität; es sollte als Warnzeichen verstanden werden.
KURZER HOHER WARNPFIFF	Alarmzeichen, bei dem die Tiere sofort ein Versteck aufsuchen
ANHALTENDE GRELLE PFIFFE	Sie drücken Unzufriedenheit, Unsicherheit oder innere Aufregung aus. Nach dem Deckakt oder bei Schmerzen hört man sie ebenfalls.

ten einmal zurück, um allein zu sein. Wie in freier Natur betreiben die kleinen Nager die alltäglich notwendigen Tätigkeiten wie Nahrungssuche, Fellpflege oder ein Nickerchen halten am liebsten zusammen mit Artgenossen.

Die frühen Morgen- und Abendstunden sind übrigens die beste Zeit, um das Geschehen im Käfig dieser tagaktiven Tiere zu beobachten!

Kuschelfaktor Auch wenn Degus in Bezug auf uns Menschen sicherlich keine Kuscheltiere sind, weil sie nicht gern still sitzen: In der Degugruppe sind der ständige Körperkontakt untereinander und das gegenseitige Bekraulen des Fells ein ganz wichtiger Wohlfühlfaktor. Ebenso wird mehrmals täglich per Nasen-Schnupperkontakt die Gruppenzugehörigkeit neu geprüft und mit darauf folgendem fröhlichen Gezwitscher die Freundschaft neu besiegelt. Viele Stunden werden Ihre Degus auch damit verbringen, eng »aufeinandergestapelt« gemütlich zu dösen. Für mich gibt es kaum ein entspannenderes und friedvolleres Bild als solch einen miteinander kuschelnden Deguhaufen!

Gemeinsam stark In ihrem Herkunftsland Chile geht die gesamte Degugruppe oft zusammen auf Futtersuche, während eines der Tiere als Wachposten aufgestellt wird. Auf einem Erdhügel stehend, gibt dieser Degu dann bei drohender Gefahr mehrere schrille Warnpfiffe von sich. Blitzschnell ist daraufhin die gesamte Degutruppe von der Bildfläche verschwunden.

Degus sind eigentlich keine Kuscheltiere, diese liebevolle Degugeste ist ein echter Freundschaftsbeweis.

Schon von Kindesbeinen an suchen und brauchen Degus die körperliche Nähe zu ihren Artgenossen.

Der Chef hat das Sagen

In jeder Degugruppe, die zusammen ein Rudel bildet, gibt es ein Alphatier. Dieser Boss besitzt den höchsten Rang innerhalb der Familie und ist auch bereit, diesen mit allen Mitteln zu verteidigen. In freier Natur handelt es sich bei dem Chef immer um ein Männchen. In der Heimtierhaltung können auch Weibchen diese Position besetzen.

Bei Ihnen zu Hause werden Sie das Alphatier vor allem daran erkennen, dass es sich am Futternapf gegen alle weiteren Gruppenmitglieder durchsetzt und sich mit dem größten Leckerbissen zwischen den Zähnen aus dem Staub macht.

Neue Gruppenmitglieder

Falls Sie sich eines Tages dazu entschließen sollten, weitere Tiere in Ihre bestehende Degugruppe zu integrieren, dann überstürzen Sie bitte weder den Kauf der neuen Degus noch deren erste Zusam-

Vorsichtige Annäherung: Ob sich zwei Degus mögen oder nicht, entscheidet sich meist schon unmittelbar nach dem ersten Schnupperkontakt.

menführung mit Ihren vorhandenen Tieren. Die Vergesellschaftung fremder Degus ist grundsätzlich nicht einfach. Ob sich Tiere dauerhaft verstehen, hängt von so vielen Einflüssen ab, dass eine Prognose nur vage getroffen werden kann.

Bevor ich Ihnen die gängigste Vergesellschaftungsmethode vorstelle, möchte ich Ihnen einen kurzen Überblick über die Faktoren geben, die bei der Auswahl der neuen Tiere berücksichtigt werden sollten, damit die Vergesellschaftung unter den bestmöglichen Voraussetzungen erfolgen kann:

Gruppengröße Der Versuch, mehrere Neulinge in eine bereits bestehende Gruppe zu integrieren, verläuft in der Regel sehr viel problematischer als das Hinzufügen eines einzelnen Individuums. Nur wenn bei Ihnen zu Hause noch ein einzelnes Tier aus einer älteren Gruppe übrig geblieben ist oder Sie ganz junge Tiere integrieren möchten, empfiehlt es sich, eine kleine Gruppe neuer Degus auszuwählen.

Geschlecht Ein ausgewachsenes Männchen mit einer funktionierenden Böckchengruppe zu vergesellschaften kann zu Streitereien führen. Die Tiere müssen dann eventuell getrennt werden, um ernsthafte Verletzungen zu vermeiden, viele können auch nach einem weiteren Vergesellschaftungsversuch nicht dauerhaft friedlich miteinander leben. Ähnlich kann es sich bei derselben gleichgeschlechtlichen Konstellation mit geschlechtsreifen Weibchen verhalten. In aller Regel verlaufen diese Vergesellschaftungen jedoch weniger aggressiv, manchmal klappen sie sogar auf Anhieb.

Alter Junge Degus im Alter von fünf bis sechs Wochen lassen sich am besten in eine existierende Gruppe integrieren, da sie noch eine Art von »Baby-Schutz« besitzen. Trotzdem kann es später zu Streitigkeiten kommen, wenn die Tiere heranwachsen und ihre Position im Rudel verbessern möchten.

Verwandtschaft Vermutlich aufgrund des vererbten Körperfellgeruchs verstehen sich verwandte Tiere besser als genetisch unterschiedliche Tiere.
Rangansprüche Degus besitzen angeborene Ansprüche an ihre Position im Rudel. Stark dominante Männchen oder Weibchen werden gegen jeden Neuankömmling ihren Rang vehement verteidigen. Ist vorher bekannt, welches Dominanzverhalten das zu integrierende Tier besitzt, kann auch besser zuvor abgeschätzt werden, ob ein Vergesellschaftungsversuch überhaupt einen Sinn macht.
Sympathie Manchmal ist es schlichtweg der Sympathiefaktor, der entscheidet, ob Tiere sich mögen oder nicht. Harmonieren zwei Degus nicht miteinander, sollte man dies akzeptieren und den Tieren keinen unnötigen Stress miteinander zumuten.

Käfig-Wechsel-Methode

Für diese Vergesellschaftungsmethode benötigen Sie einen zweiten (kleineren) Käfig für die zu integrierenden Tiere, der am besten in der Nähe des Deguheims aufgestellt wird. Alle zwei Tage wechseln beide Gruppen die Käfige, ohne dass Sie die Einstreu vorher erneuern. Nach etwa zwei Wochen kann eine erste Zusammenführung versucht werden. Prima eignet sich dazu der Freilauf im Zimmer. Aber auch im Käfig gelingen Vergesellschaftungen, wenn Rückzugsmöglichkeiten gegeben sind.
Bei kleineren Rangeleien sollten Sie in keinem Fall einschreiten: Eine neue Rangordnung muss ausgefochten werden. Kommt es zu aggressiven Beißereien, trennen Sie die Tiere sofort, da Degubisse oft tief gehen und zu schlimmen Verletzungen führen können, die von außen kaum sichtbar sind.
Nur im Falle von ganz jungen Degus kann meiner Erfahrung nach ein erster Vergesellschaftungsversuch sofort im »normalen« Freilauf versucht werden.

Probleme bei der Vergesellschaftung

TIPPS VON
DER DEGU-EXPERTIN
Alexandra Beißwenger

VERLETZUNGEN Mit verletzten oder kranken Tieren ist eine erfolgreiche Vergesellschaftung nahezu ein Ding der Unmöglichkeit. Eventuell auftretende Schmerzen könnten vom kranken Degu mit der Anwesenheit der fremden Tiere in Verbindung gebracht werden, gefährliche Streitereien sind dann vorprogrammiert.
Warten Sie nach einem missglückten Vergesellschaftungsversuch ab, bis alle Tiere ihre Wunden auskuriert haben, bevor Sie einen weiteren Anlauf zur Gruppenzusammenführung nehmen.

NUR MIT HANDSCHUTZ Falls bei einem Vergesellschaftungsversuch ernsthafte Kämpfe zwischen zwei Degus auftreten und Sie die Kontrahenten umgehend voneinander trennen müssen, um Schlimmeres zu verhüten, dann gehen Sie bitte niemals mit ungeschützten Händen dazwischen! Die Nager befinden sich in einer Ausnahmesituation. In dieser für sie extrem aggressiven Anspannung gehen die Tiere auf alles los, was ihnen irgendwie bedrohlich erscheint. Ein fester Lederhandschuh zum Schutz ist deshalb für den Menschen ein Muss!

Leben mit Degus

Quirlig, neugierig und immer aktiv: So sehen die typischen Wesens-
züge von Degus aus. Welche Beschäftigungen die kleinen Fellnasen
besonders lieben, was ihnen Spaß macht, worauf Sie im Freilauf
achten müssen und von welchen Seiten Gefahren drohen, erfahren
Sie auf den nächsten Seiten.

Nager aus Leidenschaft

Wenn Sie Degus in Ihren Haushalt aufgenommen haben, wird es Ihnen in Zukunft ganz sicher nicht mehr langweilig werden!

Es gibt kaum etwas Entspannenderes, als sich nach einem anstrengenden Arbeitstag eine Weile im Freilauf mit den munteren Fellnasen zu beschäftigen oder einfach nur in Ruhe das Geschehen im Deguheim zu beobachten.

Angenehme Hausgenossen

Da die flinken Nager vor allem in den frühen Morgen- und Abendstunden ihre aktivste Zeit haben, lässt sich die Deguhaltung prima mit der Berufstätigkeit vereinbaren. Tagsüber genießt Familie Degu ausgiebige gemeinsame Kuschelstunden, wobei die Tiere sogar ganz froh sind, wenn die Geräuschkulisse in ihrer Umgebung nicht allzu groß ist. Ab dem späteren Nachmittag erwacht wieder der Spiel- und Bewegungstrieb, und ein geschäftiges Treiben ist in der Voliere zu beobachten. Schon bald werden Sie feststellen, dass zahme Degus für jede neue Spielmöglichkeit schnell zu begeistern sind. Eine stark ausgeprägte angeborene Neugier führt dazu, dass unbekannte Gegenstände neben ihrer Fressbarkeit auch umgehend auf ihre Nagetauglichkeit hin untersucht werden. Das Nagen ist für Degus übrigens nicht nur aus zahngesundheitlicher Sicht von großer Bedeutung. Das Be- und Zernagen von ungefährlichem Material baut Stress bei den Tieren ab und erlaubt den Nagern eine gewisse unabhängige Gestaltungsfreiheit ihrer Umgebung: Schon so manches Standard-Holzhäuschen aus dem Zoohandel wurde durch Vergrößerung von Türen oder Einbau zusätzlicher Fenster »verschönert« und per »Zahnarbeit« ein echtes Unikat geschaffen.

Immer aktiv und geschäftig

Degus sind aufgeweckte Kerlchen, die den Kontakt zum Menschen sehr gerne haben. Beschäftigt man sich viel mit den Tieren, entstehen sogar Freundschaften fürs Leben. Einige Degus werden so zahm, dass sie sich genüsslich vom Halter an Kopf und Brust mit einem Finger kraulen oder friedlich auf der Hand sitzend herumtragen lassen.

Im Freilauf halten sehr zahme Tiere auch einfach mal ein kurzes Schläfchen auf dem kuscheligen Pullover des vertrauten Menschen ab.

Einige Deguhalter schwören sogar darauf, dass ihre Tiere bei Ruf auf ihren Namen hören. Ich selbst bin mir dessen nicht so ganz sicher, konnte jedoch die Beobachtung machen, dass Degus sich auf Geräusche konditionieren lassen: Rappeln Sie beispielsweise vor jeder Fütterung einmal kurz mit der Futterdose, so bekommen die Fellkugeln schnell spitz, dass bei diesem Geräusch der Napf befüllt wird, und begrüßen Sie schon erwartungsvoll.

Mithilfe von Leckerchen können Sie den Nagern sogar Kunststückchen wie »Männchenmachen« oder »von Schulter zu Schulter laufen« beibringen.

Fitnessparcours draußen und drinnen

Im Freilauf können Sie mit ungiftigen Gegenständen wie Brettchen, Holzkisten, Tonröhren, Leitern oder Spielzeug aus dem Käfig eine Art Trainingsparcours aufbauen, den die Tiere absolvieren müssen, um an eine Belohnung zu gelangen. Ihrer Fantasie sind kaum Grenzen gesetzt, solange den Degus keine Verletzungsgefahr droht und Sie die Tiere nicht zu stark fordern. Es soll ja schließlich alles nur aus Spaß geschehen. Zwischendurch brauchen Degus immer wieder eine Ruhepause. Dann sollte ein Rückzug in den vertrauten Käfig möglich sein.

Im Deguheim selbst können Sie für Abwechslung sorgen, indem Sie die Gemüseportion des Tages einmal etwas erhöht an einem Bindfaden aufhängen. Ein ausrangiertes Küchenhandtuch verknotet am Käfiggitter, sorgt ebenfalls für Beschäftigung. Davon abgenagte Stoffstücke werden gerne zur

Treppauf – treppab: Klettermöglichkeiten, am besten aus Holz, sollten im Deguheim reichlich vorhanden sein. Sie halten die Tiere fit!

Eine Wühlkiste weckt den Entdeckerdrang der unglaublich neugierigen kleinen Fellnasen. Voller Begeisterung graben und zernagen sie, was Pappröhren, Äste und Korkrinde hergeben. Raffiniert versteckte Nüsse in der lockeren Einstreu sind dann die verdiente Belohnung für kleine Schatzsucher.

Auspolsterung des Nestes verwendet. Mithilfe solch kleiner Veränderungen sorgen Sie dafür, dass Langeweile gar nicht aufkommen kann.

Abenteuerspielplatz – selbst gebaut

Degus lieben es, in der Erde zu buddeln und alles zu benagen. Um diesen Grundbedürfnissen gerecht zu werden, habe ich ein 60-Liter-Aquarium zu einer Wühlkiste umgestaltet: Der Boden ist mit einer Portion Sand (für Kindersandkästen aus dem Bau-

markt), Einstreu und Heu befüllt. Mindestens ein Drittel der Glaswandhöhe sollte die Schicht betragen. Dazwischen liegen Pappröhren, Wurzeln und dünne Äste, darauf Papierschnitzel. Auf diesem selbst gebauten Spielplatz sind die Nager kaum noch zu bremsen. Mit einem selbst gebastelten Deckel aus Casanetdraht und einer Röhre, die eine Verbindung zum Käfig herstellt, können die Degus auch ohne Freilauf im Zimmer einige Stunden täglich auf den Spielplatz gelassen werden.

Spielgeräte, die Spaß machen

1 Futter-Bäumchen

Auf einer Platte mit einem passend ausgestanzten Loch in der Mitte oder in einem Blumentopf wird beispielsweise mithilfe von Gips ein dicker Ast mit vielen kleinen Seitenästen befestigt. Blätter und Knospen können daran belassen werden. Dann werden mithilfe von Paketschnur kleine Leckerbissen wie Luzerneringe, Erdnüsse mit Schalen, Kolbenhirse usw. bunt durcheinander an den Ästen befestigt. Fertig ist der Schlaraffenbaum!

2 Röhrensystem

Größere Papprollen können mit seitlichen Löchern versehen werden und zu einem Röhrenlabyrinth ineinandergesteckt werden. Prima eignen sich dazu Pappröhren aus dem Teppichhandel. Fragen Sie einfach dort nach! Toilettenpapierrollen sind vom Durchmesser her zu klein für ausgewachsene Degus; es besteht die Gefahr, dass sie darin stecken bleiben.

3 Hängematte

Für Nager konzipierte Hängematten aus dem Zoofachhandel bieten einen tollen Schaukel- und Kletterspaß. Manche Degus halten auch gern einmal ein Nickerchen darin ab. Achten Sie beim Kauf auf tierfreundliches Material aus naturbelassener Baumwolle oder Leinen beim Hängemattenstoff.

4 Baumstamm-Höhle

Richtig ausgepolstert, zum Beispiel mit Heu, kann solch ein natürlicher Unterschlupf aus dem Zoofachhandel ein gemütlicher Platz zum Kuscheln für die ganze Degumeute werden.

5 Leckere Rolle

In eine Pappröhre wird eine kleine Portion Futter gegeben und die Röhre an beiden Enden fest mit Heu verschlossen. Die Degus müssen sich ihr Futter jetzt erst erarbeiten, und jeder Bissen schmeckt gleich doppelt so gut.

Dasselbe Spiel können Sie übrigens auch mit einem kleinen Pappkarton veranstalten, in den Sie nur ein Loch schneiden und dieses dann dick mit Heu verschließen.

6 Heuglocke

Im Zoofachhandel finden Sie degugeeignete Spielsachen aus Heu. Diese sehen nicht nur sehr natürlich aus, sondern bereiten den Tieren auch eine Menge Nagespaß. Bringen Sie die Heuglocke so an, dass die Tiere Männchen machen müssen, um daran zu gelangen. Damit fördern Sie noch zusätzlich deren Fitness.

Weitere Spielzeugtipps

Astbrücke Mehrere gleich lange Äste werden an beiden Enden mit Löchern versehen. Fädeln Sie diese dann beiderseits mithilfe von dickem Draht der Reihe nach auf, und Sie erhalten eine biegsame Brücke aus Holz, die Etagen im Käfig miteinander verbinden kann.

Papier-Iglu Ein Luftballon wird in mehreren Schichten mit nassen Papierstücken beklebt. Am nächsten Tag den trockenen Ballon zum Platzen bringen und die Papierkugel in der Mitte rundherum durchschneiden. Alle Plastikreste müssen entfernt werden. Mit der Schere eine runde Tür in das Papiergebilde hineinschneiden, fertig ist der gemütliche Degu-Iglu.

»Besondere« Zeiten

Sobald Ihre Degus einigermaßen handzahm sind, dürfen sie ihren ersten Freilauf genießen. Das ist für sie ein großer Tag! Fast alle Degus lieben es, auf Abenteuersuche im Zimmer zu gehen und alles genauestens zu inspizieren. Rechnen Sie aber besonders am Anfang damit, dass die kleinen Entdecker nicht so schnell wieder dazu zu überreden sind, freiwillig in ihre Voliere zurückzukehren. Planen Sie deshalb die entsprechende Zeit ein!

Auf Entdeckungsreise

Am besten, Sie öffnen für den Freilauf einfach die Käfigtür und sorgen dafür, dass die Tiere von dort aus, beispielsweise über ein kleineres Möbelstück oder einen dicken Ast, sicher von allein zum Boden hin und wieder zurückklettern können.

Die Zimmertür sollte während des Freilaufs geschlossen sein. Eine Ausweitung auf die gesamte Wohnung ist nicht zu empfehlen, da überall Verletzungsgefahr droht und nicht zuletzt der Mensch durch unvorsichtige oder unüberlegte Bewegungen die Degus verletzen könnte. Die Nager sollten ihre Freiheit stets nur unter Aufsicht genießen. Informieren Sie alle Familienmitglieder über den Freilauf, damit die Tür nicht plötzlich aufgerissen und dabei ein Tier in Mitleidenschaft gezogen wird.

Ist es Ihnen nicht möglich, Ihre Wohnung so degusicher umzugestalten, dass Sie die Tiere guten Gewissens frei laufen lassen können, dann verzichten Sie besser generell auf den Freigang. Solange das Degugehege groß genug und abwechslungsreich eingerichtet ist sowie ein Laufrad zur freien Verfügung steht, leiden die Tiere nicht darunter.

Tipp Um Degus zurück in ihren Käfig zu locken, legen Sie eine Fährte aus Leckerchen bis zur Käfigtür. Hilft das nicht und Sie müssen ein Tier dringend einfangen, weil Termine drängen, dann jagen Sie es nicht mit der Hand. Oft reicht es, den Degu ruhig in eine Ecke zu »treiben« und in ein Gefäß zu schaufeln (→ Seite 28).

Kräutergarten im passenden Format: Ein gesunder Happen hat noch keinem Degu geschadet.

Urlaubszeit

Wenn Sie einmal in den Urlaub fahren oder ein paar Tage nicht daheim sind, solllten Sie für Ihre Nagerfamilie einen zuverlässigen Degusitter engagieren. Dieser sollte etwa alle zwei bis drei Tage nach den Tieren sehen sowie Futter und Wasser erneuern. Auf diese Weise können die Degus in ihrem gewohnten Heim bleiben und werden Ihre Abwesenheit kaum bemerken.

Das Umsetzen in einen kleineren Urlaubskäfig empfiehlt sich nur im Notfall. Degus geben nämlich nicht gern ihre gewohnten Raumansprüche auf, Stress für die Tiere wäre die Folge. Dieser kann sich in stereotypen Bewegungsmustern oder ständigem Gitternagen äußern, nach den Ferien ist so eine Gewohnheit nicht einfach abzustellen. Ein Freilauf bei einem deguunerfahrenen Urlaubssitter ist eher nicht zu empfehlen.

› Kümmern Sie sich frühzeitig um Ihre Urlaubsvertretung! Es ist nicht jedermanns Ding, mit Nagern umzugehen, die beim Füttern schon einmal auf die Hand hüpfen und dabei das eine oder andere Köttelchen hinterlassen.

› Geben Sie dem Tiersitter diesen Ratgeber an die Hand und schreiben Sie ihm für alle Fälle auch die Adresse Ihres Tierarztes auf.

› In den Urlaub mitnehmen sollte man Degus auf keinen Fall. Die Fahrt im Auto, größere Temperaturschwankungen, Hitze sowie ungewohnte Geräusche oder Gerüche bedeuten Stress pur für die kleinen Fellnasen.

› In der Urlaubszeit darf die Einstreu ruhig etwas länger ungewechselt im Käfig verbleiben. Das schadet den Tieren überhaupt nicht. Bewährt hat es sich bei mir, eine weitere Trinkflasche am Käfiggitter anzubringen und jede Menge Heu innerhalb des Käfigs zu deponieren.

Gefahren in der Wohnung

TIPPS VON DER DEGU-EXPERTIN Alexandra Beißwenger

GIFTPFLANZEN Viele beliebte Zimmerpflanzen sind giftig, wenn sie verzehrt oder auch nur angeknabbert werden. Stellen Sie deshalb vor dem ersten Freilauf sicher, dass keine Pflanzen giftig sind. Besonders unverträglich sind Dieffenbachie, Weihnachtsstern, Alpenveilchen und Klivie.

STROMSCHLAG Degus nagen sehr gern an Stromkabeln. Sorgen Sie dafür, dass Kabel während des Freilaufs für die Tiere durch Abdeckungen oder Kabelschächte unerreichbar sind.

VERGIFTUNG Lassen Sie Putzmittel, Parfüm, Zigaretten und Medikamente niemals einfach offen im Zimmer herumliegen. Degus könnten eine Nageprobe davon nehmen.

ERTRINKEN In Blumenvasen oder nicht abgedeckten Aquarien könnten die Tiere beim Freilauf ertrinken. Schließen Sie aus diesem Grund auch offene Toilettendeckel, die sich in Reichweite Ihrer Lieblinge befinden.

ANDERE HAUSTIERE Hund und Katze müssen während des Freilaufs draußen bleiben. Ihr Beutetrieb könnte sonst erwachen!

Viel Sinn für Sauberkeit

Degus sind reinliche Hausgenossen und verbringen viel Zeit damit, den eigenen Körper sowie das Fell sauber zu halten und zu pflegen. Zum Glück sind die kleinen Nager darin so gründlich, dass der Halter sich darum kaum zu kümmern braucht. Unter Artgenossen wird die Körperpflege sogar zum echten sozialen Event, bei dem sich die Tiere mit Hingabe gegenseitig bekraulen, um den Pelz von Schmutzpartikeln zu befreien. Dieses Verhalten nennt man *Allogrooming*, und es verstärkt das Zusammengehörigkeitsgefühl der Gruppe.

Um das Fell von überschüssigem Körperfett zu befreien, baden Degus in Sand. Etwa zwei- bis dreimal in der Woche sollten Sie ihnen deshalb ein Glasgefäß mit Chinchilla- oder Vogelsand (ohne Zusätze) für mindestens eine halbe Stunde in den Käfig stellen. Die Nager genießen diese Badestunde sichtlich und wälzen sich genüsslich darin. Da Degus das Sandbad ganz bewusst mit Urin markieren, sollte es ihnen nicht permanent zur Verfügung stehen, Verunreinigungen sollten regelmäßig herausgesiebt werden. Das hat den Vorteil, dass Sie

Ein gepflegtes Fellkleid gleicht Temperaturschwankungen aus. Die darin enthaltenen Sinneshärchen helfen dem Tier bei der Orientierung im Raum.

den Sand nicht jedes Mal zu erneuern brauchen. Mit Wasser darf das empfindliche Fellkleid von Degus nicht gereinigt werden.

Hausputz bei Familie Degu

Glücklicherweise sind Degus im Vergleich zu manch anderen Nagetieren ziemlich geruchsneutral. Dennoch können Urintröpfchen im Laufe der Zeit in unbehandelte Holzgegenstände einziehen und leicht unangenehm duften. Durch die richtigen und regelmäßigen Pflegemaßnahmen lässt sich das gut verhindern, und es führt auch bei den Tieren nicht zu übermäßigem Markierungsstress.

Einstreu Je nach Gruppengröße und Einstreuart sollte sie etwa alle zwei Wochen erneuert werden. Manche Degus richten sich sogar »Toilettenecken« ein, sodass man gezielt an diesen Stellen häufiger die Streu austauschen kann.

Käfiginventar Spielzeug sollte etwa alle zwei bis drei Wochen mithilfe von Wasser und eventuell einem milden Spülmittel gereinigt werden. Ebenso sollte das Nistmaterial kontrolliert werden. Meist halten Degus ihre Schlafhöhle aber von allein sauber. Holzbrettchen lassen sich gut mit Schwamm und Wasser abwaschen, sollten aber regelmäßig erneuert werden. Werden die Holzteile vor Einbau in den Käfig mit ungiftigem Wachs auf Naturbasis behandelt, bleiben sie deutlich länger sauber.

Futternäpfe Diese werden alle paar Tage unter fließendem Wasser gereinigt und abgetrocknet.

Trinkflasche Bei jedem Wasserwechsel, der täglich vorgenommen wird, sollte die Trinkflasche kurz mit warmem Wasser durchspült werden. Reinigung mit einer Flaschenbürste beugt Algenbefall vor.

Desinfektion Käfiginventar kann bei Bedarf alle drei Monate mit einem ungiftigen Desinfektionsmittel aus dem Zoofachhandel behandelt werden.

Tipp Vermeiden Sie es, das gesamte Inventar am selben Tag zu reinigen. Solche Rundumaktionen können zu unnötigem Stress führen. Sämtliche Geruchsmarkierungen werden schließlich dabei beseitigt, und die Tiere fangen sofort damit an, stärkere Duftnoten im Revier zu verteilen.

Nachschub: Ältere Äste sollten regelmäßig durch frische Zweige mit saftigen Blättern ausgetauscht werden.

Gesund und munter

Degus sind robuste Naturen, die unter optimalen Haltungsbedin-
gungen nur selten krank werden. Trotzdem sind regelmäßige
Gesundheitschecks sowie eine ausgewogene Ernährung das
A und O einer verantwortungsbewussten Haltung. Hier erfahren
Sie, was bezüglich Pflege und Fütterung beachtet werden muss.

Von Natur aus Magerköstler

Manchmal scheint es uns Menschen so, als wären die kleinen Nager, abgesehen von ausgiebigen Schläfchen in der Gruppe, zu einem großen Teil des Tages mit Fressen beschäftigt.

Und tatsächlich: Degus nehmen ständig kleinere Futterportionen zu sich oder benagen Gegenstände zur Prüfung auf ihre Essbarkeit. Die Futterstücke werden dabei mit den Vorderpfötchen festgehalten, hin und wieder zur Begutachtung gedreht und dann mit Genuss weiterverspeist. Übersteigt das aktuelle Angebot an Leckerbissen den Appetit, werden die leckeren Häppchen in einer geschützten Ecke der Voliere in der Einstreu verbuddelt und für »schlechte Zeiten« aufgehoben. Dieses Verhalten ist für uns Menschen sehr niedlich zu beobachten. Degus stellen im Vergleich zu anderen Nagern ganz besondere Ansprüche an ihre Ernährung, und es ist sehr wichtig, dass der Halter diese berücksichtigt.

Experten gefragt!

Die Wahl des Tierarztes sollte ebenfalls gut überlegt werden, da sich nicht alle Kleintierärzte – neben ihrer üblichen Klientel, die meist aus Hund, Katze, Kaninchen und Meerschweinchen besteht – auch mit relativ ausgefallenen Nagern gut auskennen. Fragen Sie am besten vorher in der Praxis telefonisch nach. Auch bei Degus ist im Krankheitsverdacht heutzutage eine moderne Diagnostik per Röntgen, Ultraschall oder Blutanalyse möglich. Die häufigsten Krankheiten stelle ich Ihnen im Folgenden in einer Übersicht vor. Für Degus spielt dabei insbesondere die Zuckerkrankheit (Diabetes mellitus) eine große Rolle.

Wie die kleinen Racker auf Dauer fit und gesund bleiben und wie Sie erste Krankheitssymptome selbst erkennen und darauf reagieren können, erfahren Sie im nun folgenden Kapitel.

Abwechslungsreiche Ernährung

In ihrem Heimatland Chile steht bei den Degus vor allem rohfaserreiche und gleichzeitig energiearme Kost auf dem täglichen Speiseplan. Ihr gesamter Stoffwechsel sowie das Zahnwachstum sind auf diese karge Ernährung hin ausgerichtet. Diese besonderen Ernährungsansprüche haben unsere Degus auch in der Heimtierhaltung beibehalten. Werden die Nager falsch gefüttert, drohen Fettleibigkeit, Diabetes oder Zahnfehlstellungen. Um die komplexen Zusammenhänge gesunder Ernährung besser verstehen zu können, möchte ich Ihnen einen Überblick über dieses Thema geben, damit Ihnen bewusst wird, dass schon kleinere Veränderungen auf dem Speiseplan Auswirkungen auf den Organismus haben können.

Fressen zur Zahnpflege

Nagezähne Das Futter wird in der Regel mit den Schneidezähnen in kleinere Portionen zernagt und aufgenommen. Dabei kommt es zu einem gleich-

So friedlich wird im Degurudel selten eine Mahlzeit verspeist. Mehrere Futternäpfe an verschiedenen Käfigplätzen helfen den Futterneid innerhalb der Gruppe zu begrenzen.

mäßigen Abrieb der Oberflächen dieser Zähne. Die rohfaserreiche Kost wird nun durch reibende Kaubewegungen der Backenzähne zerkleinert, deren Flächen dadurch stetig abgeschliffen werden.

Sie sehen, dass das Benagen an Gegenständen nur für das Kürzen der Schneidezähne eine Rolle spielt, die Backenzähne dagegen durch das Bekauen der faserhaltigen Kost diesen Abrieb erfahren. Werden die Schneidezähne durch ungenügende Nagemöglichkeiten oder dauerhaft zu weiche Kost nicht gleichmäßig gekürzt, treffen auch die Backenzähne nicht mehr im richtigen Winkel aufeinander, und es können schmerzhafte Zahnspitzen entstehen. Der Degu verweigert dann trotz Hunger die Nahrungsaufnahme und baut körperlich sehr schnell ab. Dann ist meist eine aufwendige Zahnbehandlung des Nagers in regelmäßigen Abständen notwendig, die man hätte verhindern können, wenn die Schneidezähne frühzeitig vom Tierarzt gekürzt worden wären. Kontrollieren Sie deshalb regelmäßig die Schneidezähne Ihrer Degus (→ Seite 50)!

Empfindliche Verdauung

Im Magen und im verhältnismäßig langen Darm von Nagetieren verbleibt die zerkleinerte Kost eine ganze Weile. Die Muskulatur dieser Organe ist allerdings generell eher schwach ausgebildet, sodass das Futter mehr durch »Nachschub von oben«, also durch Aufnahme weiterer Nahrung, vorwärtsbewegt wird als durch Eigenbewegung. Die Konsequenz daraus ist, dass Degus stetig über den Tag verteilt kleinere Nahrungsportionen aufnehmen sollten. Geschieht dies nicht und der Futterbrei verbleibt zu lange an Ort und Stelle, können gefährliche Verstopfungen und Gasansammlungen entstehen.

Mikroorganismen Im gesamten Darm leben Bakterien in einer Art Symbiose mit den kleinen

Die Mischung macht's

Um den Ernährungsansprüchen unserer Degus in der Heimtierhaltung gerecht zu werden, sollte uns der natürliche Speiseplan ihrer wilden Verwandten in ihrem Heimatland Chile als Leitfaden dienen:

VIEL FRISCHES HEU sollte schon einmal gut die Hälfte der Nahrung ausmachen, denn 42 Prozent des täglichen Futters bestehen bei wild lebenden Degus aus Gräsern. 15 Prozent der Futterration machen alle möglichen ungiftigen und wohlschmeckenden Kräuter aus.

WURZELN, BLÄTTER UND BLÜTEN machen etwa 23 Prozent der Nahrung aus. Diese Bestandteile können Sie heutzutage schon in kleinere Portionen verpackt im Zoofachhandel erwerben.

SÄMEREIEN wie Hirse oder Mohn sind mit zehn Prozent nur relativ gering auf dem Speiseplan enthalten. Sie stellen für Degus trotzdem eine wichtige Energiequelle dar. Körnerfutter sollte insgesamt aber eher sparsam angeboten werden.

GEMÜSE UND FRÜCHTE von Sträuchern machen acht Prozent der natürlichen Futterzusammensetzung aus. Zuckerarme Frischkost stellt also nur einen geringen Anteil der Gesamtfuttermenge dar und kann sogar durch die getrocknete Variante komplett ersetzt werden.

BAUMRINDE hat einen Anteil von zwei Prozent auf dem Deguspeiseplan. Frische Zweige sollten also auch in Ihrem Deguheim nicht fehlen.

Aus den oben genannten Zutaten können Sie übrigens eine gesunde Futtermischung auch selbst für Ihre kleinen Nagerfreunde herstellen!

Nagern. Sie helfen dem Degu, durch Aufspalten der Rohfasern des Futterbreis die Nahrung überhaupt verdauen zu können. Insbesondere im großen Blinddarm bilden diese Mikroorganismen lebenswichtige Vitamine, die später, als sogenannter Blinddarmkot, wieder vom Tier aufgenommen und auch erst dann verwertet werden können. Darin enthaltene Bakterien dienen zusätzlich als Eiweißlieferant. Dieser Blinddarmkot ist insgesamt eher weich, etwas heller als die üblichen Kotbällchen und wird vom Degu direkt aus dem After aufgenommen. Es ist also keineswegs unhygienisch, wenn Sie den Degu bei diesem Verhalten beobachten sollten. Wird ein großer Teil dieser wichtigen Bakterien zerstört, z. B. durch eine Antibiotikatherapie, so kommt es zu Fehlgärungsprozessen mit Gasbildung im Darm, und die Nährstoffe des Futters können in der Folge nur unzureichend von der Darmschleimhaut aufgenommen werden.

Das richtige Fertigfutter

Sie sehen, die Ernährung von Degus ist recht vielseitig. Glücklicherweise finden Sie im Zoofachhandel schon vorgemischte Fertigfutter für Degus, und Sie müssen nur noch Heu, Zweige und Frischfutter selbst hinzufügen. Achten Sie aber immer auf die Zusammensetzung des Fertigfutters! Zu viele Dickmacher wie Nüsse oder Sonnenblumenkerne sowie getrocknete Früchte oder Melassezusätze sollten nicht enthalten sein. Eine reine Pelletfütterung für

Cocktailtomaten sind für manche Degus eine echte Delikatesse, die genüsslich verspeist wird.

Ganze Haselnüsse lassen jedes Deguherz höher schlagen. Sie sind jedoch echte Kalorienbomben.

Degus halte ich ebenso wenig für natürlich, und sie ist bei dem heutigen reichhaltigen Futterangebot auch nicht nötig.

Saftfutter hält fit

Werden Degus von klein auf an frisches Gemüse auf dem Speiseplan gewöhnt, behalten sie diese Essgewohnheit meist auch ihr gesamtes Leben lang bei. Tomaten (besonders Cocktailtomaten!), Gurken, Salat oder Paprika sind für viele Degus der Hit. Gut gewaschen, abgetrocknet und nicht direkt aus dem kalten Kühlschrankfach serviert, können Sie kleinere Stückchen davon mehrmals in der Woche den Rackern in einem Napf anbieten. Seien Sie nicht enttäuscht, wenn einige Ihrer Nager so gar nicht mit frischem Gemüse »können« und sich einfach nicht dafür begeistern. Kein Degu leidet an einer ernsthaften Mangelerscheinung, nur weil er Frischkost ablehnt. Meist haben diese Tiere wiederum gar kein Problem damit, Gemüse in getrockneter Form, z.B. als Karotten in Chipsform, zu verspeisen.

Aufpassen sollten Sie bei Kohlsorten. Grundsätzlich können sie verfüttert werden. Wegen der Blähgefahr sollten die Nager jedoch nur langsam an größere Mengen gewöhnt werden. Eisbergsalat ist Kopfsalat wegen des geringeren Nitratgehalts vorzuziehen. Kartoffeln, Reis oder Nudeln sind für die Deguernährung in keiner Form geeignet.

Auf Obst sollte wegen der angeborenen Neigung zu Diabetes bei Degus gänzlich verzichtet werden. Auch Rosinen sind Obst und sollten an Degus wegen der darin enthaltenen hohen Zuckerkonzentration nicht verfüttert werden.

Der Verzehr von Roter Bete oder Karotten kann übrigens den Urin der Nager rot verfärben! Das ist aber kein Krankheitsanzeichen.

Nicht nur sehr gesund, sondern auch sehr wohlschmeckend scheint die Rinde frischer Zweige für Degus zu sein, die sie begeistert benagen.

Raufutter satt

Täglich frisches Heu ist die wichtigste Futterregel für Degus. Vermischt mit trockenen Blüten und Kräutern aus dem Zoofachhandel, duftet es besonders würzig, und viele Tiere ziehen diese rohfaserreiche Kost dem Körnerfutter sogar vor.

Alle ein bis zwei Wochen können Sie sogar einen »Heutag« einplanen, an dem ausschließlich Raufutter in großen Mengen auf dem Speiseplan Ihrer Nager steht.

Frische Kräuter oder Gräser können Sie übrigens auch selbst auf Balkon oder Terrasse ziehen oder sich im Wald auf die Suche machen. Von Löwenzahn über Kamille, Ringelblume, Gänseblümchen, Kapuzinerkresse, Luzerne, Giersch, Beifuß bis zu Vogelmiere oder sogar Katzengras aus dem Handel sind alle ungiftigen Pflanzen erlaubt für Degus und sorgen für Abwechslung.

Knabberkost

Baumrinde macht nur einen geringen Anteil der Nahrungszusammensetzung aus, dieser ist jedoch sehr wichtig für die Nager. In der frischen Rinde enthaltene Mineralien sind essenziell für ein gesundes Zahnwachstum. Zudem können die kleinen Felltiere ihren Nagetrieb so auf gesunde Art und Weise ausleben, und die Schneidezähne behalten die richtige Länge. Zweige mit Knospen und Blättern von Obst- und Nussbäumen, von Weide und Birke sind sehr gut für Degus geeignet, sie sollten mindestens einmal im Monat erneuert werden. Sämtliche unbehandelte Holzspielzeuge oder Heuglocken aus Ihrem Zoofachhandel werden ebenfalls gerne benagt (→ Seite 36).

Futterplan im Überblick

› Täglich, je nach Zusammensetzung des Fertigfutters, eine kleine Tasse voll Körnerfutter für eine Gruppe von drei bis vier Tieren einplanen. Dazu immer eine große Handvoll frisches Heu anbieten, welches nach Belieben mit trockenen Blüten und Kräutern aufgewertet werden kann.
› Zwei- bis dreimal wöchentlich etwas Frischkost in Form von Gemüse in einen Extranapf geben.
› Ein- bis zweimal im Monat die Zweige im Deguheim gegen frische auswechseln.

Ab und zu ein Leckerchen

Natürlich dürfen Degus ab und zu eine kleine Belohnung erhalten. Entscheiden Sie sich dabei aber immer für die gesunde Variante. Platte Erbsenflocken oder Ackerbohnen, Erdnüsse, Kolbenhirse und Sonnenblumenkerne lassen viele Deguherzen höher schlagen.

Zusätze notwendig?

Bei artgerechter und abwechslungsreicher Ernährung leiden Nager nur sehr selten unter Mangelerscheinungen, Vitamine sollten nur auf Anweisung des Tierarztes gegeben werden. Eine Überdosierung fettlöslicher Vitamine (E, D, K, A) kann schädlicher als ein möglicher Mangel sein. Salzlecksteine sind in der Deguhaltung unnötig. Zum Knabbern und für einen gesunden Knochenbau kann hin und wieder ein Kalkstein mit in das Sandbad gegeben werden. Viele Degus sind ganz wild darauf, diesen zu zerkleinern und sich in dem Pulver zu wälzen.

Als geborene Magerköstler ernähren sich Degus zum großen Teil von rohfaserreichen Gräsern und kleinen Pflanzensamen.

Diabetes – eine ernste Gefahr

Bei zu zucker- und fettreicher Ernährung neigen Degus dazu, an Diabetes mellitus (Zuckerkrankheit) zu erkranken. Für den Halter wird diese Erkrankung meist erst erkennbar, wenn sich ein- oder beidseitig die Augenlinse eintrübt und der Nager erblindet. Die genauen Ursachen des Diabetes bei Degus sind leider noch nicht erforscht. Durch gehäuftes Auftreten in einigen Zuchtlinien und aufgrund der Tatsache, dass statistisch gesehen deutlich mehr Männchen als Weibchen erkranken, geht man davon aus, dass auch eine genetische Komponente das Ausbrechen der Krankheit begünstigt. Aus diesem Grund möchte ich dringend dazu raten, mit »erkrankten Familien« nicht mehr zu züchten.

Symptome Bildet ein Degu einen beidseitigen grauen Star aus, wirkt er in der ersten Zeit aufgrund der Blindheit ein wenig desorientiert und unsicher in seinen Bewegungen. Viele Tiere zeigen im weiteren Verlauf einen gesteigerten Durst und Appetit. Weitere Krankheitssymptome sind ein geschwächtes Immunsystem, Gewichtsveränderungen und eine verzögerte Wundheilung. Im fortgeschrittenen Stadium können Leber und Niere ebenfalls stark in Mitleidenschaft gezogen werden.

Behandlung Diabetes ist nicht heilbar. Ähnlich wie beim Menschen wäre eine Insulin-Therapie vorstellbar. Bedenkt man aber, welchen Stress man einem Degu zumutet, wenn er täglich eingefangen und gespritzt werden sowie regelmäßig auf die korrekte Insulindosis kontrolliert werden soll, ist meiner Ansicht nach diese Therapie aus Tierschutzgründen nicht gerechtfertigt.

Wichtig Um einem schnellen Fortschreiten der Zuckerkrankheit entgegenzuwirken, sollten erkrankte Degus ganz konsequent fett- und zuckerarm sowie rohfaserreich ernährt werden.

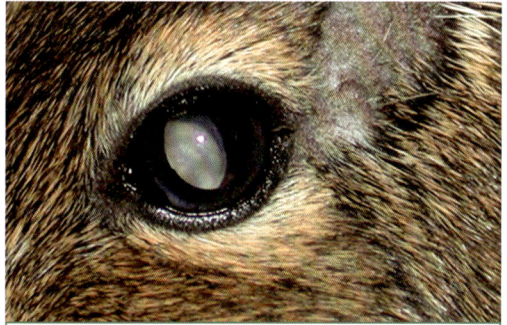

Der Katarakt – Erblindungsgefahr!

Bei der für Diabetes typischen Linsentrübung (Grauer Star) handelt es sich um einen weißen Schleier aus zerplatzten Zellen, die vom Körper weder abgebaut noch erneuert werden können.

URSACHE Verantwortlich für diese Entwicklung ist die osmotische Zugwirkung der Augenlinsenzellen. Diese ziehen durch den eigenen zu hohen Zuckergehalt Wasser aus ihrer Umgebung ein, bis sie schließlich platzen wie ein Luftballon.

AUSWIRKUNGEN Da sich die Augenpupille je nach Lichteinfall vergrößert bzw. verkleinert und die Trübung dadurch unterschiedlich gut zu sehen ist, bekommen viele Halter den Eindruck, der Katarakt verbessere oder verschlechtere sich. Das ist aber nicht der Fall. Dennoch kann aus dieser Beobachtung geschlossen werden, dass erkrankte Tiere noch zwischen hell und dunkel unterscheiden können. Der Tagesrhythmus bleibt so erhalten, ebenso eine grobe Orientierung im Raum.

ALTE TIERE Bei betagten Degus beobachtet man teils eine geringe Trübung der Augenlinsen, den »Altersstar«, der mit Diabetes nichts zu tun hat.

So bleiben Degus gesund

Sicherlich ist Ihnen spätestens nach Lesen dieses Ratgebers bewusst geworden, wie wichtig es ist, Degus artgerecht zu halten und gesund zu ernähren, um Krankheiten generell vorzubeugen. Werden diese Grundsätze beachtet, sind Degus eigentlich recht robuste Nager, die nur selten krank werden. Damit Sie erste Krankheitsanzeichen dennoch erkennen und frühzeitig eingreifen können, empfiehlt es sich, die Tiere regelmäßig einem kurzen Gesundheitscheck zu unterziehen. Dieser kann auch von Laien schnell erlernt werden und bedeutet keinen großen Aufwand. Diese Kontrolle ist ausgesprochen wichtig, da Degus stets versuchen, erste Krankheitssymptome zu verstecken, um vom Familienleben nicht ausgeschlossen zu werden. Zeigt sich dann bereits ein deutliches Schmerzempfinden oder starke Atemnot, ist die Erkrankung meist schon so weit fortgeschritten, dass eine Therapie durch den Tierarzt kaum mehr möglich ist. Deshalb mein eindringlicher Tipp an dieser Stelle: Stellen Sie erste Krankheitssymptome bei einem Ihrer Degus fest, so warten Sie nicht ab und starten Sie keine eigenen Therapieversuche! Suchen Sie sobald wie möglich Ihren Tierarzt auf, damit schnell mit der richtigen Therapie begonnen werden kann.

Der Gesundheitscheck

Die Regel, das Tier von »vorne nach hinten« der Reihe nach äußerlich zu untersuchen, hat sich bei mir selbst in der Praxis seit Jahren bewährt. So übersieht man nichts und bekommt schnell ein geübtes Auge für das Vorgehen.

Nase Der Nasenspiegel sollte sauber, trocken und frei von Verkrustungen oder Ausfluss sein. Stellen Sie einen deutlich weißen Nasenausfluss fest, hat sich der Degu eine starke Erkältung eingefangen.

Zähne und Maulbereich Die Schneidezähne sollten gerade stehen, nicht zu lang sein und die Flächen gleichmäßig abgerieben erscheinen. Die obe-

Bei häufigem Pfotenreiben über Nase und Backen sollte der Tierarzt nach der Ursache suchen.

ren Zähne sollten beim Schließen des Mäulchens über die unteren beißen. Die Farbe der Schneidezähne ist bei Jungtieren komplett weiß, bei erwachsenen Degus überzieht eine feste orange-braune Schicht die Außenfläche der Zähne. Scheint diese Schicht lückenhaft zu sein, sollte die Ernährung hinsichtlich einer ausreichenden Mineralstoffversorgung überprüft werden.

Der gesamte Bereich um das Mäulchen herum sollte trocken sein. Nasses Fell im Kinnbereich oder gar ein haarloses Kinn zeigt sich häufig bei Tieren mit schmerzhaften Zahnfehlstellungen, da der Speichel nicht mehr abgeschluckt wird und in der Folge nach außen abfließt.

Augen Die Augen sollten klar, offen, dunkel und ohne Schlieren erscheinen. Krusten, starker klarer Ausfluss oder weiße Schleimspuren können auf eine Entzündung hinweisen. Erkältete Degus reiben sich häufig mit den Vorderpfötchen gleichzeitig über die Augen und den Nasenbereich, wodurch es den Krankheitserregern erleichtert wird, sich auf beide Bereiche auszubreiten.

Eine Eintrübung der Augenlinsen im Zusammenhang mit einer Diabetes-Erkrankung (→ Seite 49) erfolgt meist auf beiden Augen in rascher Folge. Die weiße Linse hinter der Pupille erscheint dann je nach Lichteinfall rund oder schmal.

Ohren Die Ohren sollten aufgestellt und ohne Krusten sein. Krusten können auf Entzündungen oder Parasiten hinweisen. Beide Erkrankungen kommen aber bei Degus nur sehr selten vor.

Fell Das Fellkleid sollte sich glatt, glänzend, geschlossen und ohne Verkrustungen oder Schuppen zeigen. Bei agouti-farbenen Degus sind haarlose oder bereits nachwachsende Hautbereiche oft durch scheinbar schwarze Längsflecken im Fellkleid zu erkennen. Diese entstehen durch die schwarze

1 Durch Wiegen in regelmäßigen Abständen erkennen Sie schon frühzeitig eine möglicherweise krankheitsbedingte Gewichtszu- oder -abnahme.

2 Streichen Sie das Fell vorsichtig gegen den Strich. Manche Parasiten, schuppige Areale sowie Krusten lassen sich dadurch genauer erkennen.

3 Für ein Leckerchen richtet sich der Degu auf. Dabei öffnet sich das Maul, und die Schneidezähne können auf ihr korrektes Wachstum hin beurteilt werden.

Färbung der Fellhaare im Wurzelbereich. Erst nach oben hin werden die Fellhaare rötlich-bräunlich, wodurch von der Ferne aus gesehen die typische Agouti-Scheckung entsteht.

Afterbereich Die Umgebung rund um den After darf keine Kotverklebungen, Rötung oder großflächige nasse Bezirke aufweisen. Diese würden auf eine erhebliche Störung innerhalb des Magen-Darm-Traktes hinweisen.

Alarmzeichen erkennen

Nach einer Weile werden Sie Ihre Hausgenossen so gut kennen, dass Sie sofort merken, wenn das Verhalten eines Tieres untypisch erscheint. Trotz unauffälligem äußerem Gesundheitscheck haben Sie dann den Eindruck, dass etwas mit dem Degu nicht stimmt, ohne dass Sie es erklären können.

Vertrauen Sie in solch einer Situation Ihrem Bauchgefühl. Von möglichen Schmerzen kann Ihnen Ihr Degu schließlich nicht erzählen, und erste quiekende Schmerzlaute geben die kleinen Fellkugeln wirklich nur von sich, wenn der Schmerz kaum noch zu ertragen ist.

Kranke Degus ziehen sich gerne zurück, fressen weniger und wirken oft viel zu ruhig. Bei Schmerzen plustern sie sich auf und verharren mit halb geschlossenen Augen ungewöhnlich lang in ein und derselben Position. Schmerzt der Bauch, wirken die Flanken durch starke Anspannung der Bauchmuskeln des Nagers wie eingefallen, der Degu wirkt unruhig und streckt öfters den Körper aus. Der Gang sieht ungewöhnlich staksig aus.

Bei Zahnschmerzen kann man häufig kauende Zahnbewegungen beobachten, ohne dass der Degu dabei etwas frisst. Viele Tiere streichen sich dabei ständig mit den Vorderpfoten über die Backen, als wollten sie den Schmerz »wegputzen«.

Bei Schmerzsymptomen sollte der Degu in jedem Falle von einem Tierarzt untersucht und auch diesbezüglich behandelt werden. Auch für Degus gibt es heutzutage geeignete Schmerzmittel, die begleitend neben weiteren therapeutisch eingesetzten Medikamenten gegeben werden dürfen.

Atemwegserkrankungen

Das Problem bei Degus ist, dass sich die Erreger einer einfachen Erkältung sehr schnell in Richtung Lunge ausbreiten können und man innerhalb kürzester Zeit ein schwerkrankes Tier mit Lungenentzündung vor sich haben kann, bei dem man erst nur einen leichten Schnupfen vermutet hatte. Deshalb Vorsicht: Erkältungskrankheiten bilden nach wie vor eine der häufigsten Todesursachen bei Degus und sollten nie unterschätzt werden!

Je früher mit einer Antibiotika-Therapie begonnen wird, desto besser stehen die Chancen für den kleinen Patienten. Begleitend können Sie selbst pflegend aktiv werden und dem Degu mit einer Rotlichtlampe oder Wärmflasche helfen. Einige Nager gehen sogar auf die Möglichkeit einer degugerechten Inhalation ein.

Krank oder einfach nur müde? Beobachten Sie einen Degu gut, wenn er sich auffällig lange zurückzieht oder auf Ansprache nicht reagiert.

Krankheiten im Überblick

SYMPTOME	MÖGLICHE URSACHE
Schneidezähne wachsen v-förmig oder schief, die Zahnlängen sind ungleichmäßig und zu lang, ein Zahn bricht ab, wegen schmerzhafter Zahnspitzen frisst der Degu weniger bis gar nicht.	Angeborene oder erworbene Zahnfehlstellung, Verletzung
Bei einem ausgewachsenen Degu erscheinen die Schneidezähne hellweiß und brechen schnell ab.	Ausgeprägter Mineralstoffmangel
Die Augen sind verklebt und tränen; die Lider manchmal geschwollen. Das Fell um das betroffene Auge ist nass, und der Nager reibt seine Vorderpfoten ständig über die Augen.	Entzündung der Augen, Verletzung durch einen Fremdkörper, Allergie
Nasenausfluss, entzündete Augen, häufiges Niesen, verstärkte Atmung. Bei starker Atemnot atmet der Degu durch das Mäulchen, und die gesamte Bauchmuskulatur ist an den Atemzügen mitbeteiligt. Betroffene Tiere haben häufig Koordinationsprobleme und stellen das Fressen ein.	Bronchitis, Lungenentzündung, oft in Begleitung von Entzündung der Augen
Schuppen oder Krusten im Fellkleid; haarlose Bezirke mit teilweise geröteten Hautpartien, manchmal begleitet von Juckreiz	Parasiten- oder Pilzbefall, Verletzung, übermäßiges Bekraulen durch einen Artgenossen, schlechte Haltungsbedingungen
Ein- oder beidseitige Linsentrübung im Auge, Durst und Appetit gesteigert, Gewichtszu- oder -abnahme. Häufig treten Koordinationsprobleme durch die Blindheit auf. In naher Verwandtschaft sind häufig ebenfalls zuckerkranke Degus bekannt.	Diabetes mellitus
Stark aufgeblähter, schmerzhafter Bauch, Degus verweigern das Futter, zeigen ein auffallend ruhiges Verhalten; Bewegungen wirken verkrampft.	Aufgasungen im Magen-Darm-Trakt durch: Fehlgärungsprozesse, längere Nahrungsabstinenz oder eine stark gestörte Darmflora
Die Umgebung des Afters ist verklebt und nass. Die Tiere zeigen oft Schmerzanzeichen; der Kot ist weich bis flüssig und heller als normal.	Durchfall, gestörte Darmflora, Vergiftung, Wurmbefall

Bei Verdacht auf eine der obigen Erkrankungen sollten Sie unbedingt Ihren Tierarzt um Rat fragen und keine wertvolle Zeit mit Abwarten verstreichen lassen.

Hauterkrankungen

Bei Erkrankungen der Haut oder des Fells ist eine genaue Untersuchung durch den Tierarzt wichtig, um die genaue Krankheitsursache herauszufinden. Bislang treten Hautparasiten wie Milben oder Läuse nämlich nur sehr selten bei Degus auf.

So mancher frischgebackene Deguhalter hat den ausgiebigen Putztrieb der kleinen Nager schon mit scheinbar unerträglichem Juckreiz verwechselt. Auch haarlose Stellen im Rückenbereich des Fellkleids können die Tiere sich durch ein übermäßiges Bekraulen durchaus gegenseitig zufügen und müssen nicht auf eine Pilzerkrankung hinweisen. Diese zeigt sich eher im Augenbereich sowie an den Vorderpfoten der Nager.

Gefahr durch Degubisse

Sollte einer Ihrer Degus Sie kräftig in den Finger gebissen haben, dann rate ich Ihnen unbedingt dazu, Ihren Hausarzt aufzusuchen. Die Bisse sehen von außen meist gar nicht so schlimm aus. An den Nagezähnen der Tiere befinden sich jedoch immer Bakterien, die im Fleisch zu ernsthaften Entzündungen bis hin zur Blutvergiftung führen können. Ihren Tetanus-Schutz sollten Sie ebenfalls überprüfen.

Kastration – ja oder nein?

Häufig werde ich bei Vergesellschaftungsproblemen männlicher Degus gefragt, ob eine Kastration das Dominanzverhalten der Böckchen in irgendeiner Weise beeinflussen kann. Leider muss ich Sie enttäuschen: Im Gegensatz zu manch anderem Nager ist das bei Degus nicht möglich.

Dennoch kann eine Kastration sinnvoll werden, wenn Sie beispielsweise ein Männchen mit mehreren Weibchen zusammen halten möchten. Diese Geschlechtskonstellation geht fast immer gut,

Gefüllt mit warmem Wasser, lässt sich der klassische »Flachmann« prima zu einer unzernagbaren Deguwärmflasche umfunktionieren.

Schwanz abgerissen – was nun?

Da die Haut des Schwanzes sehr dünn ist, reißt sie schon bei geringem Zug schnell ab, und übrig bleibt nur noch ein leicht blutiger Knorpelrest. Glücklicherweise trocknet dieser meist ganz von selbst ein und fällt nach einiger Zeit ohne Komplikationen ab. Ein Annähen des abgefallenen Schwanzstückes ist leider nicht mehr möglich. Oft wird behauptet, es gebe eine »Soll-Bruchstelle« am Schwanz – dem ist nicht so: Wo die Haut bei Zug einreißt, ist nicht vorhersehbar. Den Tierarzt sollten Sie aufsuchen, wenn der Stumpf dick wird, sich entzündet oder direkt an der Schwanzwurzel endet.

Zum Glück hat ein Degu mit verkürztem Schwanz beim Klettern oder Springen keinerlei Probleme damit, sich auszubalancieren.

ähnelt der natürlichen Gruppenzusammensetzung in der Natur und bleibt meist auch auf Dauer stabil. Bedenken Sie jedoch, dass eine Kastration – also das Herausnehmen der Keimdrüsen bei Männchen oder Weibchen – nur in einer Vollnarkose durchgeführt werden kann und nicht ohne Risiko für das Tier ist. Entscheiden Sie sich dennoch für eine Kastration, so erkundigen Sie sich nach einem Tierarzt, der operative Eingriffe bei Nagern in einer Gasnarkose durchführen kann. Diese wird von den Degus am besten vertragen, ist jedoch auch teurer.

Achtung Kastrierte Degumännchen können bisweilen noch bis zu sechs Wochen nach der Operation Nachkommen zeugen!

Eine Kastration weiblicher Degus ist sehr aufwendig und nicht zu empfehlen. Eine Sterilisation – also das Abbinden von Samenstrang oder Eileiter – wird bei Degus in der Regel nicht vorgenommen.

Medikamente eingeben

Hat der Tierarzt eine Diagnose bei Ihrem Degu stellen können, wird er dem Patienten geeignete Medikamente unter die Haut spritzen und Ihnen einen Termin für eine Kontrolluntersuchung geben. Da viele Medikamente wie beispielsweise Antibiotika dem Tier aber täglich verabreicht werden müssen, wird er Ihnen möglicherweise zusätzlich einen Saft zum Eingeben o. Ä. mitgeben.

Zum Verabreichen des Medikaments empfiehlt es sich dann, den Degu durch eine zweite Person festhalten zu lassen. Ich verwende dazu gern ein kleines Handtuch, mit dem ich mir den Degu so greife,

dass seine Vorderpfötchen komplett unter dem Handtuchstoff verborgen sind. Eine zweite Person kann nun mithilfe einer Pipette oder Spritze (ohne Nadel!) den Saft in die Lücke zwischen Schneide- und Backenzähnen des Degus eingeben. Manchmal hilft es, den Degukopf an den Wangenknochen so zu fixieren, dass er nicht ausweichen kann. Passen Sie dabei unbedingt auf Ihre Finger auf, damit Sie nicht gebissen werden!

Wichtig Beim Eingeben des Saftes sollten Sie darauf achten, dass der Nager das Medikament nicht aus Versehen einatmet.

Kranke Degus sind außerordentlich kuschel- und wärmebedürftig und brauchen in dieser Phase viel Ruhe und Zuwendung, um wieder auf die Beine zu kommen.

Besuch **beim Tierarzt**

TIPPS VON
DER DEGU-EXPERTIN
Alexandra Beißwenger

Bevor Sie den Tierarzt bei einem Krankheitsverdacht zurate ziehen, bereiten Sie sich für den Praxisbesuch auf folgende Fragen vor. Mit diesen Informationen helfen Sie dem Arzt, die Vorgeschichte des Patienten schnell zu erfassen. Dieser kann dann ganz gezielt das Tier untersuchen und seine Diagnose stellen.

WIE LANGE ist der Degu schon krank, oder seit welcher Zeitperiode zeigt sich ein auffälliges Verhalten? Haben weitere Tiere der Gruppe ähnliche Symptome, und traten diese in der Vergangenheit schon einmal auf?

WIE UND WANN genau äußern sich die Krankheitssymptome? Nimmt der Degu noch Nahrung zu sich?

GAB ES ÄNDERUNGEN in den bisherigen Lebensgewohnheiten der Tiere? Haben Sie beispielsweise einen Futterwechsel vorgenommen? Oder ist ein neues Tier in die Gruppe vergesellschaftet worden? Verwenden Sie möglicherweise neue Reinigungsmittel oder haben neue Einrichtungsgegenstände im Deguheim angebracht?

Zwangsfüttern

Aufgrund ihrer besonderen Art der Verdauung (→ Seite 45) dürfen Degus nicht über längere Zeit die Nahrungsaufnahme einstellen. Viele kranke Nager müssen deshalb mehrmals täglich mit einem Ersatzfutterbrei zwangsernährt werden.
Diesen erhalten Sie entweder bei Ihrem Tierarzt in einer Fertigpackung zum Anmischen mit Wasser oder können ihn auch selbst herstellen. Mischen Sie dazu aufgelöste Futterpellets mit Baby-Gemüsebrei zu gleichen Teilen und einer kleinen Portion Traubenzucker. Davon sollte der Degu insgesamt etwa 20 Milliliter auf etwa sechs Portionen verteilt täglich verabreicht bekommen.

Wärme tut gut

Kranke Degus haben häufig Untertemperatur. Ist diese massiv, fühlt sich der Degu in der eigenen Hand richtig »kalt« an und wirkt stark apathisch. Dagegen sollten Sie unbedingt etwas tun. Nicht nur der gesamte Stoffwechsel des Tieres leidet darunter, auch das Immunsystem des Nagers funktioniert dann nicht optimal. Krankheitskeime haben dann viel bessere Chancen, sich auszubreiten.
Rotlichtlampe Eine Möglichkeit, dem kleinen Patienten Wärme anzubieten, ist das Aufstellen einer Rotlichtlampe. Diese sollte so von außen in eine Ecke des Käfigs strahlen, dass der Degu selbst entscheiden kann, wann er Wärme möchte und wann nicht. Der Abstand zum Gitter sollte so groß gehalten werden, dass der Degu sich nicht verbrennen kann, aber dennoch eine angenehme Wärme verspürt (Handprobe!).
Wärmflasche Manche Tiere lassen problemlos eine kleine warme Wärmflasche (mit einem Handtuch umwickelt) zu, ohne sie anzunagen. Falls Ihr Degu sich jedoch trotzdem nicht von einer Kost-

probe abhalten lässt, können Sie es auch mit einer Glasflasche probieren, die zuvor mit warmem Wasser befüllt wird. Achten Sie per Handprobe darauf, dass die Temperatur der Wärmflasche nicht zu heiß ist! Eine etwas mehr als lauwarme Flasche ist meist schon warm genug für die kleinen Nager.

Der Degu wird älter

Im Alter von vier bis fünf Jahren werden viele Degus deutlich ruhiger und verbringen viel Zeit damit, in der Gruppe zu kuscheln. Junge Degus in derselben Gruppe zu halten kann dann schwierig werden, wenn diese die alten Tiere ständig in ihrem Bedürfnis nach Ruhe stören. Äußerlich zeigen viele Degusenioren ein mattes, struppigeres Fellkleid, nehmen an Gewicht ab und sehen irgendwie »älter« aus. Der Gang wirkt staksiger, größere Sprünge werden vermieden. Geben Sie den betagten Herrschaften ruhig öfters ein zusätzliches Leckerchen in Form einer Erdnuss, bauen Sie den Käfig seniorengerecht um, sodass keine großen Hüpfer mehr notwendig sind: In der Regel meistern selbst alte Degus kleinere Sprünge noch ohne Probleme.

Abschied

Irgendwann wird der Augenblick kommen, und Sie werden sich von einem geliebten Tier für immer trennen müssen. Natürlich hofft jeder Tierhalter für seinen Schützling, dass dieser Augenblick erst im hohen Alter kommt und der Degu ganz friedlich entschläft. Ist das jedoch nicht der Fall, Ihr Tier ist schwerkrank, und der Tierarzt rät Ihnen, den unheilbar kranken Patienten zu erlösen, dann zögern Sie nicht damit, diesen schweren Schritt zu gehen. Ihr Tier wird spüren, dass Sie es in dieser schlimmen Stunde nicht allein lassen und Sie es bis zum Lebensende liebevoll begleiten.

Nehmen Sie sich danach ausreichend Zeit für die Trauer um den Verlust Ihres Haustieres. Ganz egal, was andere Menschen darüber denken könnten, »nur« um einen Degu zu weinen: Zuneigung und Freundschaft lassen sich schließlich nicht an der Körpergröße oder dem Kaufpreis messen.

Begraben Sie Ihren kleinen Nager im Garten oder im Wald. Das ist nicht verboten und lässt Sie den Abschied besser verarbeiten. Zudem gibt es Ihnen die Möglichkeit, hierher zurückzukehren und dort an viele gemeinsame Erinnerungen zu denken.

Darf ich vorstellen? Mein eigener Senior »Silver« ist mit seinen sieben Jahren noch erstaunlich fit.

Nachwuchs – unverhofft kommt oft

In freier Natur bringen Deguweibchen jährlich etwa zwei Würfe in den chilenischen Sommermonaten zur Welt. In der Heimtierhaltung sind sie jedoch nicht von den Jahreszeiten abhängig und können in bis zu vier Würfen pro Jahr 20 bis maximal 40 Jungtiere gebären. Geburtenkontrolle ist also angesagt! So niedlich Degubabys auch sind: Durch Irrtümer in der Geschlechtertrennung oder unüberlegte Würfe in privater Deguhaltung ist die Anzahl der Degus in Tierheimen und Notfall-Vermittlungsstellen in den letzten Jahren stark angestiegen.

Gerade im Hinblick auf möglicherweise vererbbare Krankheiten wie Diabetes oder Zahnfehlstellungen möchte ich Ihnen deshalb ans Herz legen, den Tieren zuliebe auf die eigene Vermehrung von Degus zu verzichten.

Sollten Sie dennoch einmal z. B. durch Einzug eines bereits trächtigen Deguweibchens in die Situation kommen, dass sich Nachwuchs ankündigt, so sollten Sie ein paar Dinge wissen:

› Trächtige Weibchen benötigen einen höheren Eiweißgehalt in der Nahrung, den Sie in Form von Bröckchen von Hundekuchen oder trockenen Sojabohnen anbieten können. Der Fettgehalt des Futters sollte jedoch nicht erhöht werden.

› Bei trächtigen Weibchen, die an Diabetes erkrankt sind, ist mit Frühgeburt, Totgeburt oder

Schon nach wenigen Tagen tapsen die Jungen – immer in Mutternähe – neugierig durch die Gegend.

Degukinder auf Entdeckungstour: Hohe Etagen sollten wegen der Absturzgefahr abgesichert werden.

anderen Geburtsproblemen zu rechnen. Beobachten Sie diese Tiere ganz genau, um schnell eingreifen zu können, wenn Komplikationen auftreten.

› Der Bauchumfang trächtiger Deguweibchen wird erst etwa zwei Wochen vor Geburtstermin deutlich runder. Bei kleinen Würfen von nur ein bis zwei Jungtieren kann es sein, dass man dem Weibchen äußerlich die nahende Geburt gar nicht ansieht.

› Das Laufrad sollte vor der Geburt der Jungen für einige Wochen aus dem Käfig genommen werden, um Verletzungen der Kleinen zu vermeiden.

Paarung

Dem Deckakt selbst geht bei Degus meist ein ausgiebiges Flirtritual voraus. Dabei beschnuppert und bekrault das Männchen das Weibchen andauernd und schlägt nervös mit dem Schwanz hin und her. Es wird aufgeregt gezwitschert, aber Deguweibchen zeigen dem Männchen zunächst ihre kalte Schulter. Dabei jagen sich beide fröhlich durch die Gegend. Ist der Flirtversuch endlich erfolgreich, dauert der Deckakt selbst nur wenige Sekunden.

Geburt und Aufzucht

Nach einer Tragezeit von etwa 87 bis 93 Tagen kommen die Winzlinge in den frühen Morgenstunden zur Welt. Vorher zeigt das Weibchen ein unruhiges Verhalten. Die Wehen im Bauch sind durch regelmäßiges Einziehen der Flanken und darauf folgende Streckbewegungen des Nagers erkennbar. Die durchschnittliche Wurfgröße beträgt vier bis sechs Jungtiere.

Bei der Geburt wiegen Degukinder nur 14 bis 20 Gramm. Durch die lange Tragezeit kommen sie schon relativ weit entwickelt zur Welt. Ein dünnes Fellkleid ist bereits zu erkennen, und die Augen öffnen sich schon bald nach der Geburt.

Ausgehend von der Nase vollziehen Halbwüchsige einen schnellen Fellwechsel, bis die Agouti-Fellfärbung ihren endgültigen Rotton angenommen hat.

Die Degumama ist in den ersten Lebenstagen viel damit beschäftigt, ihren Nachwuchs zu säugen. Schon nach zwei bis drei Tagen fangen die Jungen an, mit ihren weißen Zähnchen feste Nahrung zu probieren, auch wenn sie noch mindestens vier Wochen gesäugt werden.

Nach etwa vier bis sechs Wochen tönt sich die Fellfarbe dunkler und bekommt bei agouti-farbenen Tieren einen rötlichen Schimmer. Frühestens mit fünf Wochen dürfen Degukinder von ihrer Mutter getrennt werden.

Die Geschlechtsreife zeigt sich bei weiblichen Degus bereits mit sechs Wochen; die Männchen benötigen dazu etwa drei Monate.

Vorsicht Deguweibchen sind unmittelbar nach der Geburt ihrer Jungtiere wieder fruchtbar und werden sofort wieder gedeckt, wenn sich ein zeugungsfähiges Männchen im Käfig befindet!

Die Inhalte dieses Buches beziehen sich auf die Bestimmungen des deutschen Tier- bzw. Artenschutzes. In anderen Ländern können die Angaben abweichen sein. Erkundigen Sie sich daher im Zweifelsfall bei Ihrem Zoofachhändler oder bei der entsprechenden Behörde.

Adressen

› Tierärztliche Vereinigung für Tierschutz e. V. (TVT)
Bramscher Allee 5
49565 Bramsche
www.tierschutz-tvt.de
› Deutscher Tierschutzbund e. V.
Baumschulallee 15
53115 Bonn
www.tierschutzbund.de

Wichtiger **Hinweis**

› **Kranker Degu** Treten bei Ihrem Degu Krankheitsanzeichen auf, sollten Sie ihn sofort zum Tierarzt bringen.

› **Ansteckungsgefahr** Nur wenige Krankheiten sind auf den Menschen übertragbar. Weisen Sie Ihren Arzt auf Ihren Tierkontakt hin. Das gilt besonders, wenn Sie von einem Tier gebissen wurden.

› **Tierhaarallergie** Manche Menschen reagieren allergisch auf Tierhaare. Wenn Sie sich unsicher sind, sollten Sie vor dem Kauf eines Degus Ihren Hausarzt zurate ziehen.

› Gesellschaft für Ganzheitliche Tiermedizin e. V. (GGTM)
Geschäftsstelle der GGTM e. V.
Mooswaldstr. 7
79227 Schallstadt
www.ggtm.de
› Institut für Tierschutz und Verhalten, Tierschutzzentrum
Bünteweg 3
30559 Hannover
www.tiho-hannover.de
› Schweizer Tierschutz (STS)
Dornacherstraße 101
CH-4008 Basel
Beratungstel. 00 41/61/3 65 99 99
www.tierschutz.com
› Österreichischer Tierschutzverein
Berlagasse 36
A-1210 Wien
Tel. 00 43/1/8 97 33 46
www.tierschutzverein.at

Internet-Adressen

Weitere nützliche Tipps zur Haltung, Ernährung, Pflege und Gesundheit finden Sie auf folgenden Internetseiten
› www.deguwiki.de
(Website der Autorin)
› www.degus-online.de
› www.octodons.ch

Ein Diskussionsforum der Autorin zum Thema Degus finden Sie unter:
› www.deguboard.de

Deguvereine, die sich speziell um die Vermittlung von Notfalltieren kümmern:
› www.deguhilfe-nord.de
› www.deguhilfe-west.de
› www.deguhilfe-sued.de

Informationen über giftige Pflanzen erhalten Sie unter:
› www.giftpflanzen.com

Fragen zur Haltung beantworten

› Ihr Zoofachhändler und der Zentralverband Zoologischer Fachbetriebe Deutschlands e. V. (ZZF)
Tel. 06 11/44 75 53 32
(nur telefonische Auskunft möglich: Mo 12–16 Uhr, Do 8–12 Uhr)
www.zzf.de
› Bundesarbeitsgruppe Kleinsäuger e. V.
Binzer Straße 11
04207 Leipzig
(nur Fragen zur Haltung möglich)
www.bag-kleinsaeuger.de

Literatur

› Baumgart, L./Hand, M.: Bach-Blüten für Tiere. Oertel & Spörer Verlag, Reutlingen
› Ewringmann, A./Glöckner, B.: Leitsymptome bei Meerschweinchen, Chinchilla und Degu: Diagnostischer Leitfaden und Therapie. Enke Verlag, Stuttgart
› Gumnior, S.: Degus: Biologie – Haltung – Zucht. Natur und Tier Verlag, Münster
› Verhoef-Verhallen, E. J. J.: Kaninchen und Nagetiere – Enzyklopädie. Dörfler Verlag

Zeitschriften

› Ein Herz für Tiere. Ein Herz für Tiere Media GmbH, Ismaning
› Rodentia. Natur und Tier Verlag, Münster

Die werden Sie auch lieben.

Rennmäuse

ISBN 978-3-8338-0593-6

Meer-schweinchen

ISBN 978-3-8338-0521-9

Streifen-hörnchen

ISBN 978-3-8338-0183-9

Meerschweinchen im Außengehege

ISBN 978-3-8338-1714-4

Zwerg-Kaninchen

ISBN 978-3-8338-0520-2

Mäuse

ISBN 978-3-8338-0583-7

www.gu.de: Blättern Sie in unseren Büchern, entdecken Sie wertvolle Hintergrundinformationen sowie unsere Neuerscheinungen.

Willkommen im Leben.

Unsere Garantie

Alle Informationen in diesem Ratgeber sind sorgfältig und gewissenhaft geprüft. Sollte dennoch einmal ein Fehler enthalten sein, schicken Sie uns das Buch mit dem entsprechenden Hinweis an unseren Leserservice zurück. Wir tauschen Ihnen den GU-Ratgeber gegen einen anderen zum gleichen oder ähnlichen Thema um.

Liebe Leserin und lieber Leser,

wir freuen uns, dass Sie sich für ein GU-Buch entschieden haben. Mit Ihrem Kauf setzen Sie auf die Qualität, Kompetenz und Aktualität unserer Ratgeber. Dafür sagen wir Danke! Wir wollen als führender Ratgeberverlag noch besser werden. Daher ist uns Ihre Meinung wichtig. Bitte senden Sie uns Ihre Anregungen, Ihre Kritik oder Ihr Lob zu unseren Büchern. Haben Sie Fragen oder benötigen Sie weiteren Rat zum Thema? Wir freuen uns auf Ihre Nachricht!

Wir sind für Sie da!
Montag – Donnerstag: 8.00 – 18.00 Uhr;
Freitag: 8.00 – 16.00 Uhr *(0,14 €/Min. aus dem dt. Festnetz/Mobilfunkpreise
Tel.: 0180 - 5 00 50 54*
Fax: 0180 - 5 01 20 54* maximal 0,42 €/Min.)
E-Mail:
leserservice@graefe-und-unzer.de

P.S.: Wollen Sie noch mehr Aktuelles von GU wissen, dann abonnieren Sie doch unseren kostenlosen GU-Online-Newsletter und/oder unsere kostenlosen Kundenmagazine.

GRÄFE UND UNZER VERLAG
Leserservice
Postfach 86 03 13
81630 München

© 2009
GRÄFE UND UNZER VERLAG GmbH, München
Alle Rechte vorbehalten. Nachdruck, auch auszugsweise, sowie Verbreitung durch Film, Funk, Fernsehen und Internet, durch fotomechanische Wiedergabe, Tonträger und Datenverarbeitungssysteme jeglicher Art nur mit schriftlicher Genehmigung des Verlages.

Projektleitung: Anita Zellner, Luise Heine
Lektorat: Christa Klus-Neufanger
Bildredaktion: Daniela Jelinek, Alexandra Dimitrijevic (Cover)
Umschlaggestaltung und Layout: independent Medien-Design, Horst Moser, München
Herstellung: Claudia Labahn
Satz: Uhl + Massopust, Aalen
Reproduktion: Longo AG, Bozen
Druck: Firmengruppe APPL, aprinta druck, Wemding
Bindung: Firmengruppe APPL, sellier druck, Freising

Syndication:
www.jalag-syndication.de

Printed in Germany

ISBN 978-3-8338-1205-7

4. Auflage 2012

 www.facebook.com/gu.verlag

Ein Unternehmen der
GANSKE VERLAGSGRUPPE

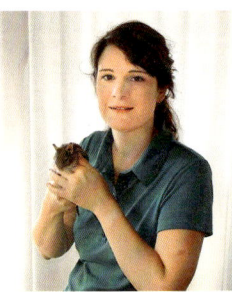

Die Autorin

Alexandra Beißwenger beschäftigt sich seit frühester Kindheit intensiv mit Kleintieren. Sie ist Tierärztin mit dem Spezialgebiet Haltung, Diagnostik und Therapie von Nagetieren. Sie ist Autorin der GU-Tierratgeber »Mäuse« und »Streifenhörnchen«.

Die Fotografin

Regina Kuhn ist freie Fotodesignerin und arbeitet als Bildautorin für renommierte Verlage und Zeitschriften im Bereich Tierfotografie. Alle Fotos in diesem Buch stammen von Regina Kuhn außer: **Agentur Focus**/Nature Source: 6; **Eva Lindlahr**: 9 oben; **Nina Notzon**: 49; **Autorin**: 57.

Dank

Fotografin und Verlag danken: Rebekka Lehmann, Herleshausen Terrarienfertigung TerraOtt, Weißenschirmbach – www.terrarienladen.de Tierzucht Renate Triesch, Zaunröden Jenny Welters, Herleshausen Annika Schulz, Herleshausen Zoo&Angler Center, Eisenach